把气象科技馆带回家

主编：邵俊年　徐嫩羽

气象出版社
China Meteorological Press

内容简介

本书详细介绍了气象科技馆50余个典型展品，并对展品涉及的气象科学知识进行讲解。全书按展品表达的科普内容分为大气常识、气象观测、防灾减灾、气候变化、综合展项5个部分。每个展品包含展品介绍、知识链接、延伸阅读等内容。本书将科技馆展品与气象科学知识、气象科技实践相结合，既是学习气象科技知识、开展气象科技实践活动的科学读本，又可以为气象科普展品开发、制作、讲解提供参考资料。

图书在版编目（CIP）数据

把气象科技馆带回家 / 邵俊年, 徐嫩羽主编. -- 北京：气象出版社, 2021.4

ISBN 978-7-5029-7404-6

Ⅰ. ①把… Ⅱ. ①邵… ②徐… Ⅲ. ①气象学—普及读物 Ⅳ. ① P4-49

中国版本图书馆 CIP 数据核字（2021）第 048270 号

把气象科技馆带回家

Ba Qixiang Kejiguan Dai Hui Jia

出版发行：气象出版社

地　　址：北京市海淀区中关村南大街 46 号　　邮　　编：100081

电　　话：010-68407112（总编室）　010-68408042（发行部）

网　　址：http://www.qxcbs.com　　E-mail：qxcbs@cma.gov.cn

责任编辑：黄海燕　　终　　审：吴晓鹏

责任校对：张硕杰　　责任技编：赵相宁

封面设计：博雅锦

印　　刷：北京地大彩印有限公司

开　　本：787mm × 1092mm　1/16　　印　　张：9

字　　数：166 千字

版　　次：2021 年 4 月第 1 版　　印　　次：2021 年 4 月第 1 次印刷

定　　价：60.00 元

编 委 会

主　编： 邵俊年　徐嫩羽

编　委： 任　珂　武蓓蓓　王晓凡　叶海英

韩大洋　李梁威　穆俊宇

前 言

“科技创新、科学普及是实现创新发展的两翼，要把科学普及放在与科技创新同等重要的位置。”习近平总书记在2016年“科技三会”上的这一重要讲话，让我们科普工作者备受鼓舞。

高度重视科技创新和科学普及，把创新驱动摆在事关经济社会发展全局的战略位置，把科学普及摆在前所未有的高度，是习近平新时代中国特色社会主义思想的重要内容和鲜明特征。

普及气象科学知识，是提高全民科学素质、实施国家创新驱动发展战略的必然要求。气象科普已经纳入全民科学素质行动计划纲要，融入国家科普发展体系。

中国气象局历来高度重视气象科普工作，《气象科普发展规划（2019—2025年）》指出，到2025年，在不断提升科技内涵的基础上，建成与气象现代化水平相适应的现代气象科普体系，形成多样化、特色化的气象科普场馆体系，提升气象科普基础设施服务能力。

对于科普来说，有这么一条规律——“告诉我，我可能会忘记；展现给我看，我可能会记得；让我参与其中，我可能会理解”。通过科技展品了解气象科学，让公众在参与和体验中理解科学，从以“知识”为中心转换到以“受众”为中心，是当今气象科普的有效途径。

科技科普馆是开展科普工作的重要平台，是科学传播的重要渠道。目前，有关气象科普教育基地的图书多以科普场馆简介与工作总结居多，而对科普展品的介绍较少。同时，受众参观科普馆后常有“意犹未尽”的感觉，对一些科学知识的记忆也较为模糊。为满足受众回家也能回味科普场馆的需要，本书通过对气象科技科普馆53个典型展品进行分析与延伸知识介绍，做到“将气象科技馆带回家”！本书将科技科普馆展品与气象科学知识、气象科技实践相结合，既是学习气象科技知识、开展气象科技实践活动的科学读本，又可以为气象科普展品开发制作提供参考资料。

本书按展品表达的科普内容分大气常识、气象观测、防灾减灾、气候变化、综合展项5个部分。每个展品包含展品介绍、知识链接、延伸阅读等内容。结合二维码技术，本书将传统媒体与新媒体融合，更加立体、丰富地展示国家级优质气象科普资源，让读者足不出户就可以身临其境体验气象科普基础设施。

本人曾先后任中国气象学会文献期刊部主任(承办中国气象科技展厅建设项目)、中国气象局公共气象服务中心科普宣传室主任（经办或调研过除中国气象科技展厅外的其他案例）。曾参与中国科技馆气象之旅展区、2010上海世博会世界气象馆、中国绍兴气象博物馆（筹）等展馆展区的设计与建设。因为岗位性质的原因，对气象科普展品有更多的关注，因此，本书挑选的气象科普展品有较好的代表性。

本书是分工协作的集体作品，邵俊年（气象宣传与科普中心）负责全书策划、质量把关与“展品介绍”栏目的编写；任珂、武蓓蓓、王晓凡(气象宣传与科普中心)，以及叶海英（中国气象报社）、韩大洋（国家卫星气象中心）分别负责防灾减灾、综合展项、大气常识、气候变化、气象观测部分“知识链接”“延伸阅读”两个栏目的编写，徐嫩羽(气象宣传与科普中心)负责项目管理、统稿修改、科学插图设计，李梁威、穆俊宇(气象宣传与科普中心)协助完成科学插图设计、二维码科普资源整理。

从展品玩出气象科学原理，从知识链接到延伸阅读，希望读者可以通过本书认识气象、了解气象、热爱气象、应用气象，对身边的天气气候现象不但“知其然”而且“知其所以然”。如果本书能够让您更加关注环境保护与气候变化，更加自如地应对气象灾害，那是编者莫大的荣幸！

邵俊年

2020年12月11日

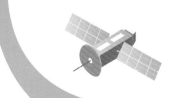

目 录

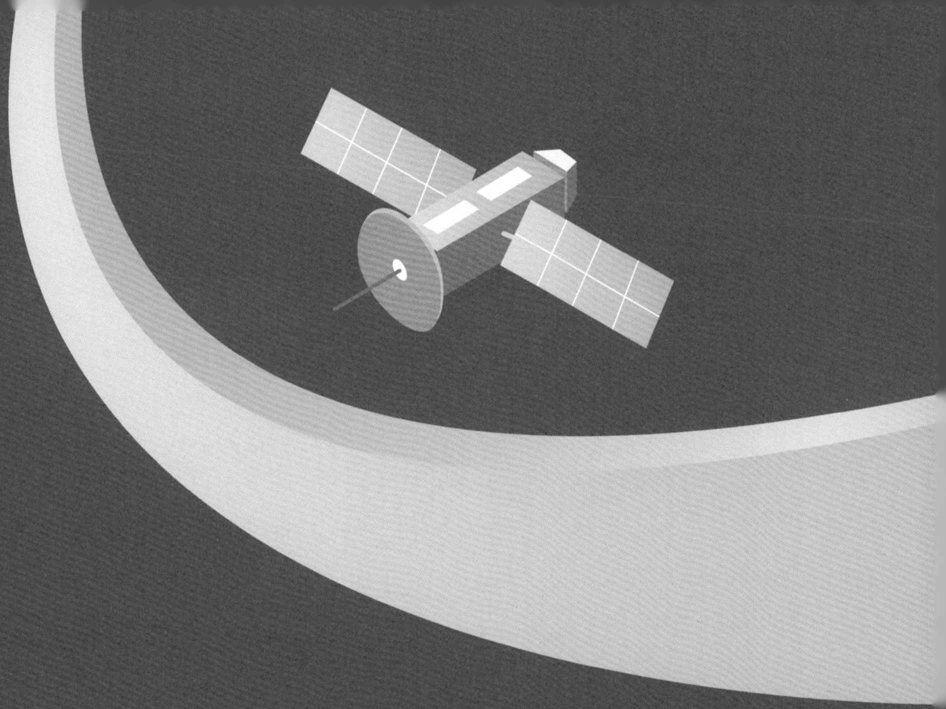

大气常识 »

太阳地球与月球

展品介绍

三个球体分别代表太阳、地球和月球，以机械联动装置，演示三球关系和由此产生的一些天文现象。中间的为太阳，通过发光以照亮地球和月球。地球倾斜地在轨道上绕日旋转，月球绕地球的轨道和地球绕太阳的轨道相交成一个角度，可以模拟演示日食、月食、月球的盈亏、地球的自转和公转、昼夜和四季的交替等现象。

知识链接

地球本身并不会发光，地球上的光和热来自遥远的太阳。地球的自转及其围绕太阳的公转产生了地球上的昼夜和四季。

地球自转与昼夜

地球是一个赤道略鼓、两极稍扁的旋转椭球体，每时每刻都在围绕地轴（即贯穿地球南、北两极点的一条假想的轴）进行自传。地球自转的方向是自西向东，也就是说，从北极点上空看过去呈逆时针旋转，从南极点上空看过去呈顺时针旋转。地球自转的平均角速度约为 7.292×10^{-5} 弧度 / 秒，旋转一周的周期约为 23 小时 56 分 4 秒。

地球自转过程中，面向太阳的部分为白昼，背向太阳的部分为黑夜，于是形成了昼夜的交替。假设地球与太阳的位置是相对固定的，那么一昼夜的长度将与地球自转周期等长。然而实际上地球自转的同时也在围绕太阳公转，这使得地球相对于太阳的角度在不断变化，因此一昼夜的时长比自转周期多了约 3 分 56 秒，为 24 小时。

地球公转与四季

地球与太阳系的其他行星一样，在围绕太阳进行公转。公转的方向与地球自转相同，即从“上”方俯视时为逆时针。地球公转平均角速度是每年 360°，也就是每经过 365.2564 日，地球公转一周。

地球赤道所围成的平面与地球公转轨道所围成的平面构成一个 23°26′ 的夹角，也就是说地球是以一种倾斜的姿态围绕太阳运动。正是这种独特的姿态导致了地球上四季的形成。

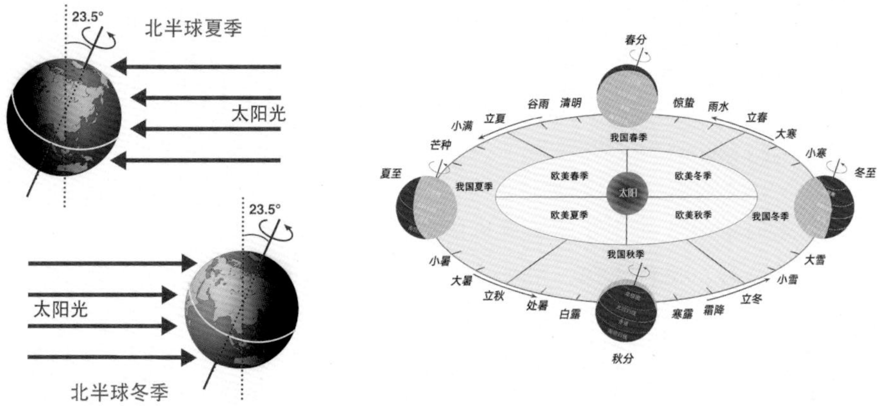

地球公转与四季

设想将一束阳光照射在地球表面的某一平面上，如果光线是垂直照下来的，将会形成一个正圆形的光斑，而如果这同一束光是倾斜照射下来的，那么照亮的区域将会变成一个椭圆形，并且光源越倾斜，椭圆的面积就越大。也就是说，当阳光斜射时，同样多的能量分摊到了更大的表面上，那么被照亮区域单位面积上接收到的热量就更少。即同等条件下，阳光直射的地方比斜射的地方加热更强，气温会更高。

让我们回到地球的公转，由于地轴相对地球公转平面的倾斜，太阳对地球的直射点就会在不同纬度之间来回移动，最北可以到达北回归线（23°26′N），最南可以到达南回归线（23°26′S）。地球上各个纬度接收到的太阳辐射能量也会随着太阳直射点的移动而发生变化，太阳辐射的多少直接影响了地表的温度，由此产生了一年四季的循环。

以北半球为例，每年的 6 月 22 日前后是夏至日，太阳直射北回归线，北半球接收到的辐射能量最多，这一天的日照时间为一年中最长，在北极圈

(66°34′N)以北的地区甚至一天24小时都有光照，即出现极昼现象。相反，每年的12月22日前后是冬至日，太阳直射南回归线，北半球日照时间为一年中最短，北极圈内一天24小时都没有光照，出现极夜现象。此外，每年3月21日前后和9月23日前后分别为春分和秋分，此时太阳直射赤道，南、北半球均是昼夜等长。

扫码探秘

延伸阅读

月球是地球的卫星，月球围绕地球公转一周的周期大约是27.32天。地球、月球各自的公转，使得太阳、地球和月球三者之间的相对位置时时刻刻处于变化之中。当三者处于特定的位置关系时，就会产生奇妙的日食和月食现象。

日食

当月球运行到太阳和地球之间，三者的位置处于一条直线上时，太阳照射到地球上的光就会被月球遮挡，也就是说，月球的影子落在了地球上，那么处在月球影子中的人就可以看到日食现象。

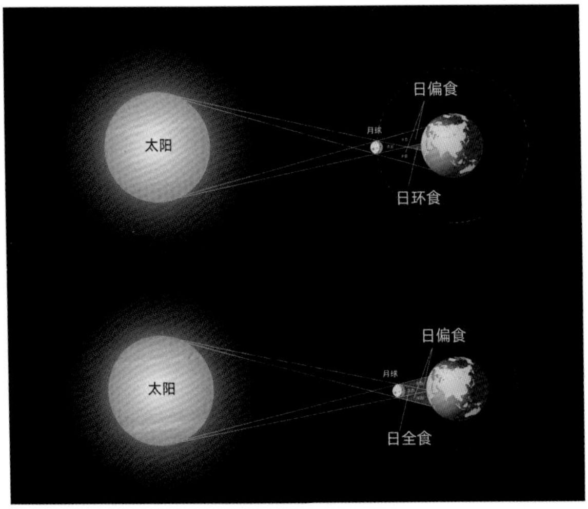

日食（日全食、日环食、日偏食）

日食发生时，月球会遮挡住刺眼的太阳光，这会让原本不易观察到的太阳的日冕层显露出来，从而成为天文学研究的绝佳时机。不过需要注意的是，千万不可以用肉眼去观察日食，这会造成短暂性失明，严重时甚至会导致永久失明。

月食

当月球运行到地球背向太阳的一面，三者的位置处于一条直线上时，月球就会进入地球的阴影里，此时月球无法再接收和反射阳光，从地球上看过去，月球的光亮逐渐消失，呈现红铜色或暗红色，这就是月食现象。

潮汐

地球上潮汐现象的形成也与太阳和月球有关。根据万有引力定律，任何两个物体之间都有相互吸引力，两者距离越近，引力越大。以月球为例，地球和月球围绕两者共同的质心做圆周运动，于是地球上的质点同时受到“离心力”以及月球引力两种力的作用。如果将整个地球看成一个质点，那么两种力处于平衡状态。但由于地球体积巨大，不同位置的海水受到月球引力的大小是不同的，因此引力和“离心力”会产生一个“差值”，这就是引潮力。类似地，地球上的海水也受到来自太阳引力的作用，只不过由于太阳距离更远，月球与太阳引潮力大小之比约为11:5。随着自转，地球面向月球、太阳的一面不断改变，于是海水在月球、太阳引潮力的作用下就会发生周期性的涨落现象，即潮汐。

大气环流

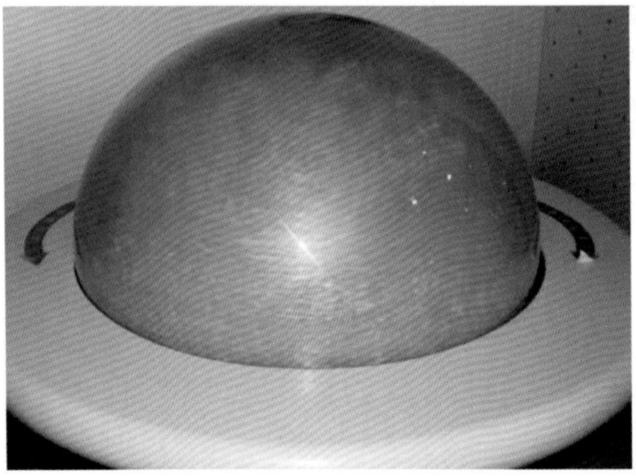

展品介绍

机械互动展品，模拟大气的复杂运动。主要由两层球壳组成，内层固定，外层透明可以让观众转动，中间的封闭空间装有黏稠的液体。因为液体是半透明的，可以观察其流动状态，模拟大气环流。观众通过动手操作了解大气环流的复杂性。在展品的旁边布置有观众互动的演示屏，演示大气环流的状况。

知识链接

包裹着地球的大气处于永不停息的运动之中。大气的运动有的空间尺度不大，就如我们日常生活中感受到的风，有的动辄几百上千千米，这种大规模的大气运动就称为大气环流。

大气环流最重要的驱动力来自太阳，并受到地球自转、地形等不同因素的影响。由于太阳高度角的差异，地球表面接收到的太阳辐射能量由赤道向两极逐渐减少，这导致赤道地区炎热而两极寒冷。赤道地区的空气受地表加热而膨胀上升，低层气压降低形成“赤道低气压带”，高层空气堆积气压升高；极地地区空气冷却收缩下沉，低层形成“极地高气压带”，高层气压降低。于是在高层同等高度上，赤道上空气压要高于极地，在气压差的作用下，空气由赤道流向极地；同理，低层空气由极地流向赤道。假设一个理想的状态，地球不会自转，并且表面是均匀的，在这种情况下，赤道和极地之间就形成了一个闭合的大气环流，称为单圈环流。

然而由于地球自转的作用，地球上运动的物体都会受到地转偏向力的影响，运动方向发生偏转。如果考虑地转偏向力的影响，在理想状况下，赤道和极地之间的大气运动就会变成三圈环流，即哈得来环流、费雷尔环流和极地环流。

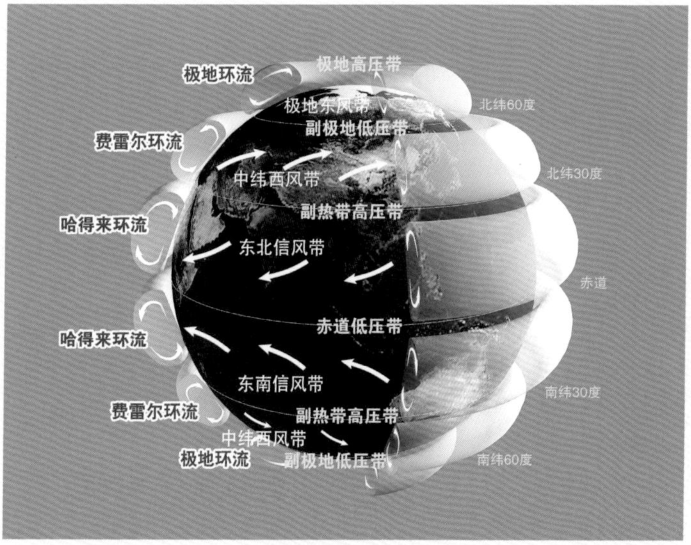

三圈环流示意图

哈得来环流

以北半球为例，赤道地区高空流向极地的空气，由于地转偏向力的作用，会逐渐右偏形成西南风，越向北偏转越大，在北纬 30° 左右的上空偏转成与纬线基本平行的西风，此时来自赤道上空的气流不能再向北流动，而是变成自西向东运动，赤道上空的空气源源不断地涌入，造成高空气体堆积，气流被迫下沉到地面，致使地表气压升高，形成“副热带高气压带”；相应地，低层在气压差作用下由副热带高气压带向南流向赤道低气压带的气流，由于地转偏向力作用由北风逐渐右偏成东北风，形成“东北信风带”，东北信风在赤道附近辐合上升。赤道与北纬 30° 之间就形成一个低纬度的环流圈，此大气流通回路被称作哈得来环流。

费雷尔环流与极地环流

低层由“极地高气压带”向南流动的空气，在地转偏向力影响下逐渐向右偏形成偏东风，称“极地东风带”；从副热带高气压带向北流的气流在地转偏向力的作用下逐渐右偏成西南风，称“盛行西风带”。

以北半球为例，较暖的盛行西风与寒冷的极地东风在 60°N 附近相遇，暖而轻的气流爬升到冷而重的气流之上，即副极地上升气流，形成了锋面（极锋）；由于副极地上升气流到高空便向南北流出，因此60°N处近地面的气压降低，形成了极地高气压带与副热带高气压带之间的一个相对低气压带——副极地低气压带。而气流抬升后，在高空分流，分别流向副热带和极地上空，向南的一支气流在副热带地区下沉，于是在副热带地区与副极地地区之间构成中纬度环流圈——费雷尔环流；向北的一支气流在北极地区下沉，于是在副极地地区与极地之间构成了高纬度环流圈——极地环流。

延伸阅读

海洋中的环流

不仅仅是大气，海洋中的海水也处于永不停息的运动之中。海水沿一定途径的大规模流动称为洋流。洋流的成因主要有两种：一种是由风吹动海水形成的海流，称为风生流；另一种是由于海水不同区域之间密度的差异造成的海流。

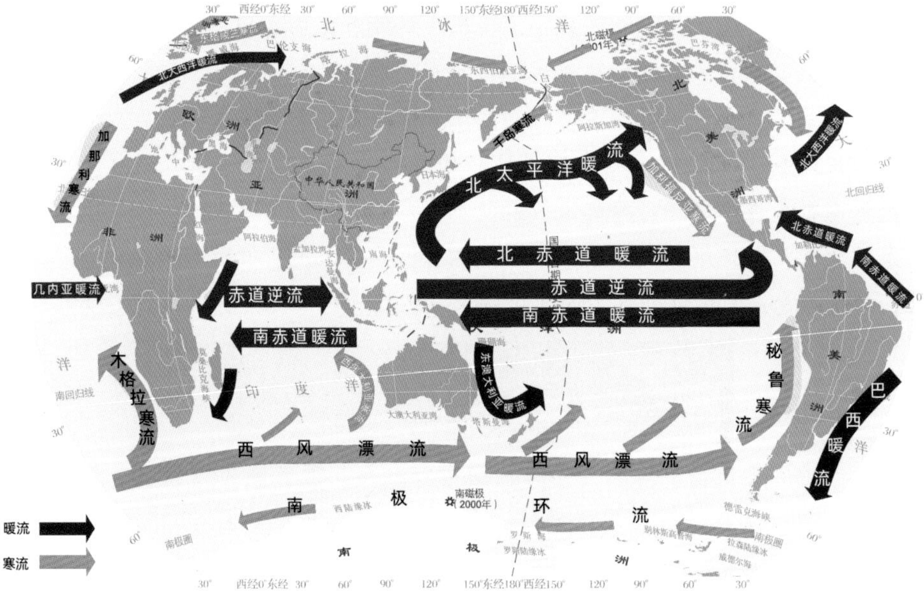

世界洋流分布图（北半球冬季）

因为海水的密度是由其温度和盐度共同决定的，当海面受热不均匀或者蒸发降水不均匀时，就会使海水的温度和盐度发生改变，进而造成海水密度分布不均匀，因此这样产生的海流称为热盐流，也叫温盐流。

风对海流的影响只能到达海洋的上层和中层，大洋深层主要是海水密度差异在起作用。根据估算，全球只有 10% 的海水受到风生流的影响，而其余 90% 的海水都是受热盐流的控制。

在表层海流中有一支赫赫有名的洋流——北大西洋暖流，这支自南向北的洋流作为墨西哥湾流的分支之一，将低纬度的热量源源不断地向中高纬度输送，在它的影响下，欧洲西北部的冬季要比同纬度欧亚大陆内部和东部地区暖和得多，甚至在北极圈内还有摩尔曼斯克这样著名的不冻港。不过，你知道这支海流在完成为西北欧送温暖的任务之后又去了哪里么？

原来，北大西洋暖流在北上的路途中不断奉献自己的热量，温度下降，密度升高，海水变得更“重”，于是就在大西洋的高纬度地区下沉到了大洋深处，这些下沉的海水转而掉头向南流动，这就是大西洋经圈翻转流。然而当我们将视角进一步扩展到全球就会发现，大西洋经圈翻转流其实是整个热盐环流体系中的一部分。

早在 1987 年，美国地球年代学和海洋化学家 Broecker 就提出了全球大洋输送带的概念。如图所示，红色线条表示表层洋流，蓝色线条表示深层洋流。表层海水在北大西洋地区沉入深海后一路向南在南极地区绕极而流，随后分为两支分别在印度洋和北太平洋上翻到海表，再绕过非洲南部从大西洋北上，形成一个闭合的传送带。海水在流动过程中伴随着物质和能量的传输，对维持全球能量平衡有着重要作用。不过由于海洋观测资料无论在时间长度还是空间分布上都十分匮乏，这幅概念图中的许多环节尚未得到证实，还有待于进一步研究。

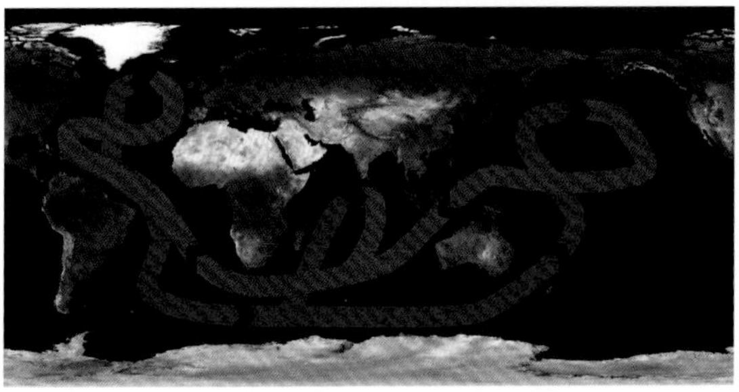

大洋输送带概念图

水循环

展品介绍

通过多媒体灯箱和动画，展示水循环的过程，讲述云、雨、雪的形成。在背景墙上喷绘出世界地图，通过灯箱，展示水的循环过程，用短片播放与水有关的气象现象与原理。

知识链接

如果从太空中观察，地球呈现美丽的蔚蓝色，这是因为地球表面约 70.8% 被海洋覆盖，使它看起来更像一个“水球”。据估计，地球上水的总量大约有 14 亿立方米，其中的 96.5% 在海洋之中。实际上，水独特的物理性质使它在地球环境中有固、液、气三种状态。固态的水如冰盖冰川、积雪等；液态的水分布在海洋、湖泊、河流、湿地等；气态的水称为水蒸气，也叫水汽，主要存在于大气中。在太阳辐射和重力的共同作用下，地球上三种形态的水周而复始地运动，这种运动就被称为水循环。

水循环的主要过程包括蒸发、降水、径流等。具体来说，在太阳辐射和大气运动的驱动下，自然界中的水不断通过陆地、海洋表面的蒸发以及植物的蒸腾变成水汽进入大气。水汽随着大气的运动开始长途旅行，如果受到锋面、对流、地形等的作用而抬升冷却，在有充足的凝结核的情况下就会凝结成小水滴、小冰晶，它们不断合并成长为大水滴、雪花，当长大到能够克服空气阻力时，在重力的作用下就会形成雨或雪重新回到地球表面；到达地表后，一部分通过蒸发和蒸腾回到大气中，另一部分则流入江河湖泊或渗入地下，通过地表径流和地下径流最终汇入海洋，如此形成了一个闭合的水循环系统。

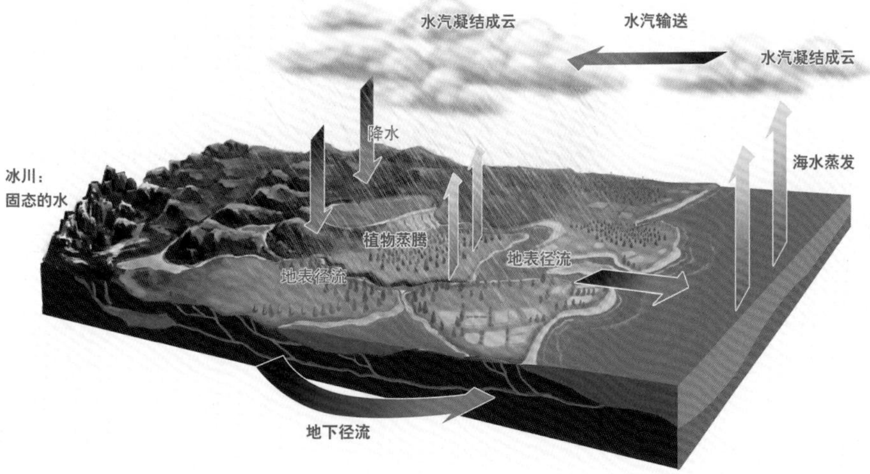

水循环过程示意图

水循环是海洋、陆地和大气间相互作用中最活跃且最重要的枢纽。通过水循环，可以实现不同圈层之间物质的迁移和能量的传输。此外，全球总水量通过水循环得以维持动态平衡，各处水体都处于不断循环、更新的状态，也使得水资源成为一种可再生的资源。

延伸阅读

水循环如何影响气候变化？

水循环在全球能量平衡和气候变化中扮演着重要的角色。

我们知道，地球上万物生存以及天气气候变化的能量均来自太阳，而水循环则是影响地球对太阳辐射收支的重要因素。具体来看，大气中的水汽是一种重要的温室气体，它可以通过温室效应捕获太阳的辐射能量；另外，分布在地球表面的冰、雪等固态水对阳光具有很高的反照率，通过大幅度地反射到达地表的阳光来影响地面对太阳短波辐射的吸收量；而大气中的云则通过反射和吸收太阳辐射发出长波辐射等过程，影响能量的传输。

水循环过程中，水在固、液、气三态之间不断转换，转换中伴随着热量的吸收和释放（这部分能量被称为相变潜热，简称潜热，即在等温等压的情况下，物质从一种相态转变成另一种相态吸收或释放出的热量），因此，水也是一种重要的能量传输媒介。大气中的水汽在凝结过程中会释放潜热，可为周围的大气提供能量，具有显著的加热效应，从而驱动不同尺度的大气环流，影响天气气候变化。水汽在跟随大气运动的长途旅行中，也将潜热向不同的地方输送。所以说水循环不只是水的物理转移，更是能量的传输。

地球上不同纬度获取的太阳辐射能量是不同的，赤道地区盈余而两极地区亏损。由于海洋和陆地的热力性质差异，它们受到的太阳辐射加热效果也是不均匀的。水循环在其中充当了一种调节机制，将能量从富余的地区向亏损的地区输送，以保证辐射亏空的地区不至于太冷，辐射过剩的地区不至于太热，从而维持全球的能量平衡。

扫码探秘

气候变化对水循环有何影响?

水循环具有维持全球能量平衡和调节气候变化的重要作用，反过来气候变化也可以通过不同途径对水循环的各个要素产生影响。

近百年来，全球气候变暖趋势明显。随着温度上升，大气的持水能力增强。研究表明，气温每升高1℃，大气中的水汽含量就会增加7%。水汽含量增加会改变地球上的辐射传输过程，导致地表加热的变化，进而引起温度、降水和蒸发的变化。此外，气候变暖还会对大气环流产生影响，改变大气运动对水汽的传输，更深地影响降水的分布和强度，极端天气也会随之多起来。

径流是水循环的重要环节，它也会受到气候变化的影响。河流径流量的变化很大程度上取决于它的补给量，有的河流主要靠降水补给，有的主要靠冰川融水。当气候变化引起降水量和冰川融水量变化时，河流径流量也会随之改变。就拿以冰川融水为主要补给的河流来说，气候变暖导致冰川退缩加快，短期内会增加这些河流的径流量，但从长期来看，随着冰川的消失，它们将会面临流量锐减甚至逐渐干涸的威胁。

科氏力

展品介绍

1835 年，法国气象学家科里奥利（Coriolis）为了描述旋转体系的运动，在运动方程中引入了一个假想的力，即科里奥利力，简称科氏力，又称为地转偏向力。本展项由旋转台、钢珠、亚克力罩等组成。通过两个按钮控制旋转台的旋转方向，置入彩色钢珠，观察钢珠在凹面球体中前进的方向，来理解科氏力对气旋运动产生的影响。

知识链接

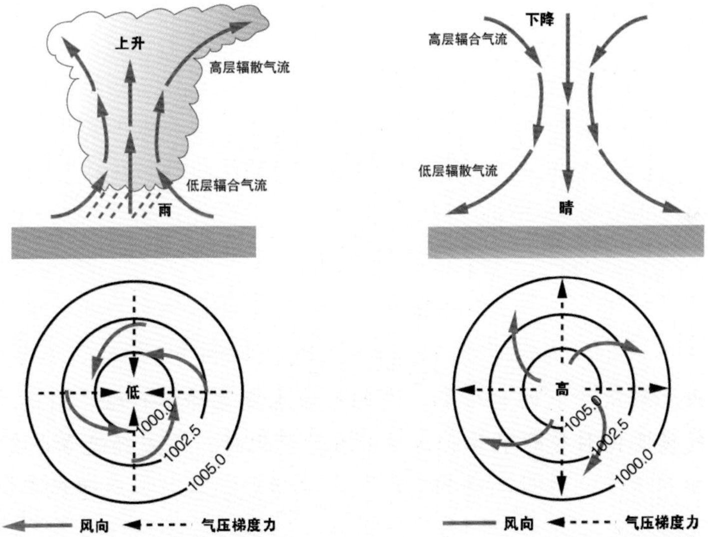

科氏力示意图

科氏力是指地球上运动着的物体由于地球旋转的作用而受到的力，它会导致物体的运动方向发生偏转。科氏力的方向与物体运动的方向垂直，在北半球，使运动的物体向右偏，在南半球，使运动的物体向左偏，在赤道上，运动方向不发生偏转。

实际上，科氏力并不是一种真实的力，而是为了方便研究分析而假想出来的力。它反映了在不同坐标系中观察同一运动的差异性。为了便于理解，假设地球上有一个物体，沿着0°经线从赤道向北运动到北极点。那么从地球上观察，这个物体是一直向北走了一条直线，而如果从外太空某一点来观察，由于地球在自传，这个物体从赤道到北极的轨迹就是一条弧线。

对于运动着的物体，只要其不在赤道上，就一定会受到地转偏向力的作用。但需要注意的是，只有在运动的空间尺度较大时，地转偏向力的作用才能够显现出来。对于将浴缸中的水放掉，水呈现逆时针旋转的问题，其并不是地转偏向力所导致的，因为在浴缸这个空间尺度中，地转偏向力的作用显现不出来。

延伸阅读

地转偏向力是气象学中一个非常重要的概念。它对气团的运行、气旋与反气旋的形成和移动路径、洋流和河流的运动方向都有重要的影响。比如，你是否注意过北半球河流多有冲刷右岸的倾向，高纬度地区河流上浮运的木材多向右岸集中等，这些都是受到地转偏向力的影响。

热带气旋的形成离不开地转偏向力的作用。驱动热带气旋运动的原动力，是其低气压中心与外围大气的气压差，外围大气在气压差的驱动下向低气压中心移动，移动路径受到地转偏向力的影响而发生偏转，从而形成旋转的气流。这种旋转在北半球为逆时针方向，而在南半球为顺时针方向。

由于赤道地区运动的物体不受地转偏向力的影响，而地转偏向力恰恰是气旋生成的必要条件，因此，台风不会在赤道地区生成，而多诞生于距离赤道几个纬度之外的大洋上。

角动量守恒

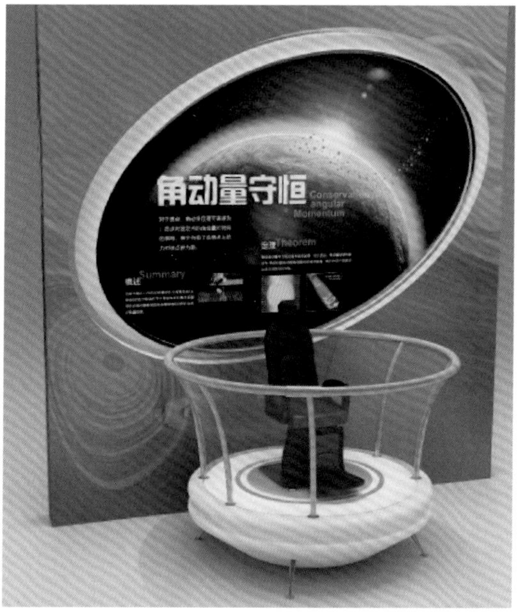

展品介绍

本展项由可旋转台面及座椅组成，台面下方的机械装置做圆周运动，圆周外有可移动的不锈钢块，通过控制不锈钢块的位置变化（从圆周外围接近圆周中心）来实现座椅旋转速度由慢到快的变化。气旋中的气流运动由四周向中心聚合形成热带低气压或台风。气旋的旋转速度从外围到中心区域的速度是递增的，观众坐在可旋转台面的椅子上，通过控制不锈钢块的位置而感受到座椅旋转速度的增加，借此体验热带气旋中心的旋转速度越来越快。

知识链接

在物理学中，角动量是指物体到原点的位移和动量相关的物理量。简单地来理解，角动量反映了物体围绕一个轴心旋转的剧烈程度。角动量守恒是物理学的重要定律之一，它反映了物体围绕一点或一轴运动的普遍规律。角动量守恒定律告诉我们，在不受外力作用时，体系的总角动量保持不变。

这一定律听起来深奥，其实在我们的生活中有着广泛的应用，就让我们通过具体的例子来了解它吧。大家都知道，直升机依靠螺旋桨的快速旋转为机体提供向上的升力。不知道你是否留意过，直升机的尾部通常会配备一个小一些的尾翼。这又是为什么呢？原来，直升机的整体可以看作是一个系统，对于这个系统来说，角动量应当是守恒的。当直升机静止不动时，系统的总角动量为零，而当直升机起飞时，螺旋桨就要旋转，此时如果没有尾翼，机身就必须朝相反的方向旋转才能保持总角动量为零。为了让机身不转，必须要提供外力来打破角动量的守恒，因此，旋转的尾翼就充当了这样一个角色。

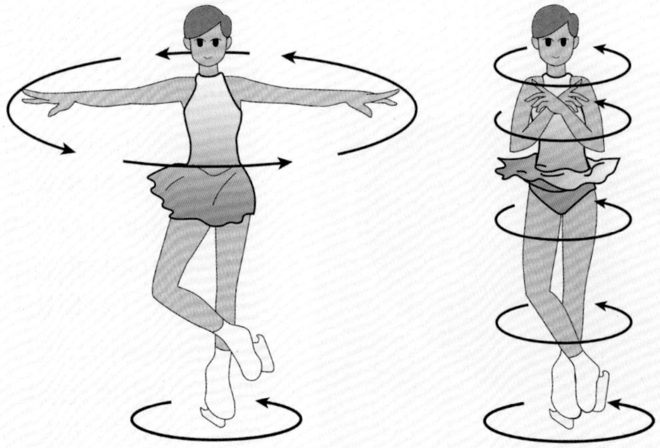

让我们再看另外一个例子，在花样滑冰运动中，运动员经常会做一种单脚点地的身体快速旋转的动作。当运动员下蹲伸开腿和手臂时，旋转速度较慢，而当运动员起身收缩腿和手臂时，旋转速度就会变得很快。这其实也是利用了角动量守恒的原理。物理学中规定，角动量＝转动惯量 × 角速度，而转动惯量的大小与质点和转轴间垂直距离有关。当运动员收缩肢体时，手脚距离身体中心（转轴）的距离就会缩短，转动惯量变小，那么为了维持角动量守恒，角速度就会增大，于是身体的旋转速度就变快了。

延伸阅读

气象学中的种种现象也与角动量守恒密切相关。以台风为例，它的基本结构相信大家都有一定的了解，台风是一个巨大的热带气旋，从它的外围到台风眼壁区，风速越来越大，天气越来越恶劣。

台风的旋转方向是由地转偏向力决定的，但其高速旋转的主要动力却并非地转偏向力，而是角动量守恒的结果。台风中心的气压很低，台风外围的空气在气压差的作用下不断地被抽入低压中心，在此过程中，空气的旋转半径减小，但角动量要保持不变，于是就导致空气旋转的角速度大大增加。即从外部流入的气流，在接近低压中心的时候会不断加速，从而形成了台风眼壁区猛烈的风暴。

云的分类

展品介绍

通过逼真的云层造型和语音讲解，让参与者了解不同云层的特点以及与天气的关系。展项主要由云层模型组成，背景墙面为手绘天空场景。有按钮控制的语音播放。参与者按动按钮，对应的云层将会发出闪烁的光芒，并有语音讲解该云层的特点。

知识链接

云就像天空中自由自在的精灵，自古以来就一直引发人们无数美丽、浪漫的遐想。从物理学的角度来看，云本质上是悬浮在大气中的小水滴、过冷水滴、冰晶或它们的混合物组成的可见聚合体。自然界中云的形成，主要是潮湿

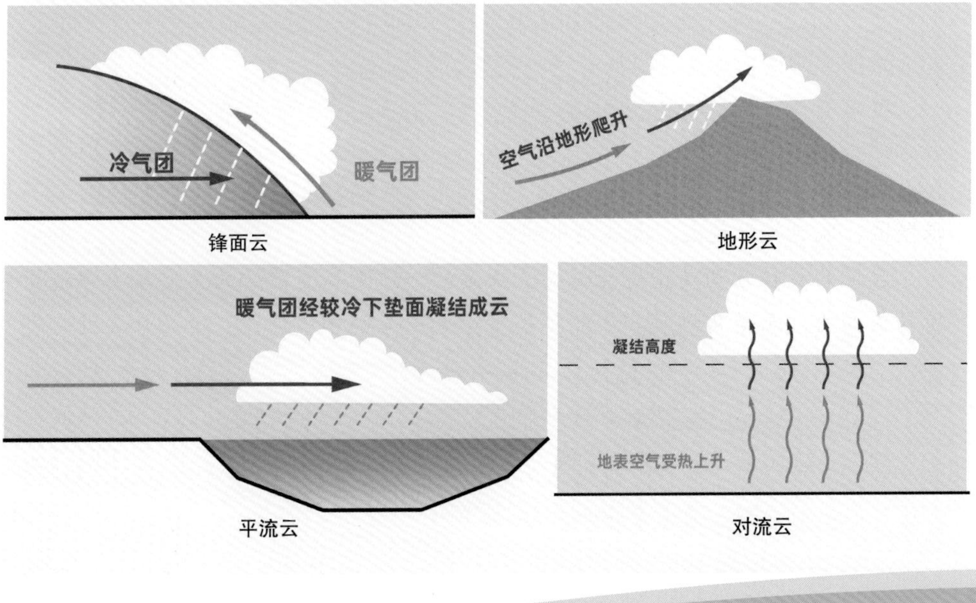

锋面云　地形云　平流云　对流云

的大气由于上升运动等原因而冷却，使空气中的水汽达到饱和而凝结或凝华的过程。大气的冷却可以由多种原因引起，例如锋面云（锋面处暖气团抬升而成云）、地形云（空气沿着山脉等地形上升而成云）、平流云（暖气团经过较冷的下垫面时，遇冷凝结成云）、对流云（由空气对流上升运动而成云）。

云的分类

根据云的外形特征，例如高度、空间分布、形状、结构以及灰度和透光程度等，可以对它们进行分类。我国现行的气象观测规范是在世界气象组织发布的国际云图分类体系基础上，将云分成了三族十属。三族分别为低云、中云和高云。

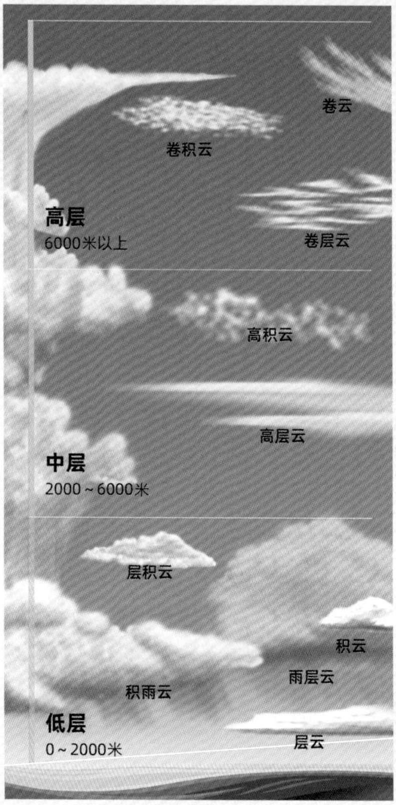

低云

低云的云底高度一般低于2500米，其云属种类较多，有积云、积雨云、层积云、层云和雨层云五类。

积云是垂直向上发展、顶部呈圆弧拱形重叠凸起，底部几乎是水平的云块，云体边界分明，积云发展旺盛时可产生雨雪。

积雨云的云体浓厚庞大，垂直发展旺盛，远看很像耸立的高山。云顶有白色毛丝般光泽的丝缕结构，常呈铁砧状或马鬃状；云底阴暗混乱，起伏明显，有时呈悬球状结构。出现积雨云的时候常产生雷暴、闪电、阵雨（雪），有时产生飑或降冰雹、霰，云底偶有龙卷产生。

层积云是团块、薄片或条形云组成的云群或云层，常成行、成群波状排列。云层有时满布全天，有时分布稀疏，呈灰色、灰白色，常有若干部分比较阴暗。有时可产生雨、雪，通常量较小。

雨层云是厚而均匀的降水云层，完全遮蔽日月，呈暗灰色，布满全天，云底显得混乱，没有明确的界限，常有连续性降水。

中云

中云的云底高度一般在 2500～4500 米，分为高层云和高积云两个云属。

高层云是带有条纹或纤缕结构的云幕，有时较为均匀，颜色呈灰白或灰色，有时微带蓝色。可产生连续或间歇性的雨、雪。

高积云的云块较小、轮廓分明，常呈扁圆形、鱼鳞片、瓦块状或水波状的密集云条，成群、成行、成波状排列。薄的高积云稳定少变，一般预示天晴，厚的高积云如继续增厚，融合成层，则说明天气将有变化，甚至会产生降水。

高云

高云的云底高度一般大于 4500 米，分为卷云、卷层云和卷积云三个云属。

卷云的云体通常为白色无暗影，呈丝条状、羽毛状、马尾状、钩状、团簇状、片状、砧状。

卷层云一般呈现为白色透明的云幕，日、月透过云幕时轮廓分明，地物有影，常有晕环。卷层云一般不降水，但在我国北方和西部高原地区，冬季可有少量降水。

卷积云是形似鳞片或球状细小云块组成的云片或云层，常排列成行或者成群，很像清风吹过水面所引起的小波纹，白色无暗影，有柔丝般光泽。通常意味着将有不稳定的天气系统移来，有可能出现阴雨或大风天气。

延伸阅读

云为什么是白色的

如果有人问云是什么颜色的，可能会得到很多答案。有的云洁白无瑕，有的云灰蒙蒙布满天空，更有的云沾染了晚霞的色彩，金、橘、紫、红瑰丽无比。云的颜色是怎么来的？为什么会如此多变呢？

太阳光到达地球时，首先要穿过大气层，大气中的各种分子、杂质会散射太阳光，波长较短的蓝光被散射得最多，布满了整个天空，于是天空呈现蓝色。云是大气中水滴、冰晶的聚合体，这些水滴、冰晶的个头比较大，远大于可见光的波长，它们对不同颜色光的散射程度都差不多，因此我们看到的云依旧呈现阳光的本色——白色。不过，不同种类的云厚度大不相同，有的云薄得几乎看不出来，有的云可达数千米厚，如积雨云、雨层云等巨大厚实的云反射掉大量阳光，它们的底部光线难以透射，看起来就会呈现灰黑色。日出日落时分，太阳光斜射入地面，穿过大气层的距离比白天要长很多，短波部分的光被大量散射，红色、橙色等波长较长的光到达地面，在这些光线的照耀下，天边云层也被镀成了瑰丽的朝霞和晚霞。

试试几级风

展品介绍

风是由于大气的流动形成的自然天气现象。流动的强度有大有小，小的时候是轻风徐来，大的时候可到强风暴。人们对风大小的印象只是每天听气象节目时听到风的级数，难以有直观的了解，本展品的目的是让观众直观体验风的等级。当观众按动标有不同风级的按键时，会有相应的模拟风吹出，在风口前设置一指示性的物体如旗帜等，可感受到风的级别大小。

风力自行车

展品介绍

通过骑自行车的互动方式，让参与者感受随着骑车速度的加快，空气流动的阻力也将增大，并可以在屏幕上看到对应的风级。采用虚拟现实系统，模拟骑车时的路况。自行车输出速度信号，以此改变屏幕上的相关数据。配合以风声的音效。参与者坐在自行车上，蹬动脚踏板，随着速度的改变，屏幕上的风力指标也发生变化，耳边还能听到风声。

知识链接

空气运动产生的气流，称为风。它是一个同时具有方向和大小的概念。风向是指风吹来的方向，而风速是指空气移动的速度。在气象服务中，常用风力等级来指示风速的大小。根据风吹到地面或水面的物体上所产生的各种现象，将风力分为 0～17 级共 18 个等级。

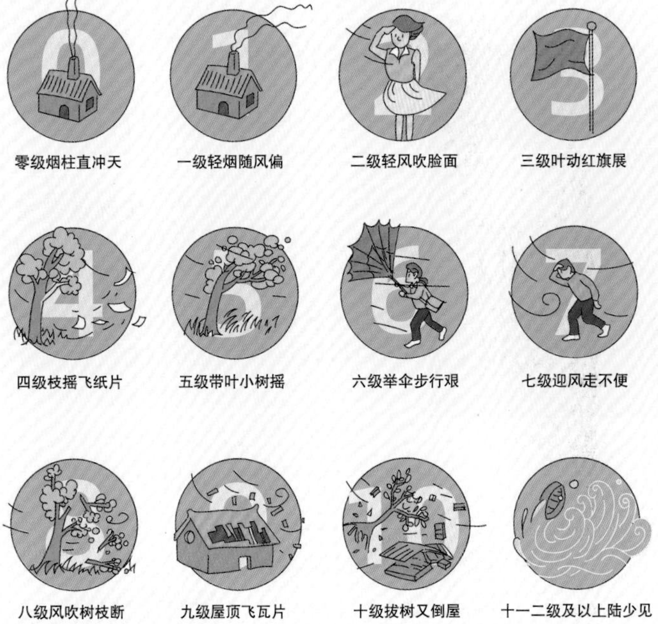
零级烟柱直冲天
一级轻烟随风偏
二级轻风吹脸面
三级叶动红旗展
四级枝摇飞纸片
五级带叶小树摇
六级举伞步行艰
七级迎风走不便
八级风吹树枝断
九级屋顶飞瓦片
十级拔树又倒屋
十一二级及以上陆少见

风力歌

春风和煦，风清月明，风是一种看不见的景致；“北风卷地百草折”“风如拔山怒”，此时风便成了一种灾害。我国气象观测业务中规定，当瞬时风速达到或超过 8 级（17.2 米 / 秒）时，称为大风。

在我国，灾害性大风常由冷空气、台风、强对流天气或地形等因素导致：

冷空气南下时，冷气团推动暖气团移动，两者的交界面就是冷锋，由于锋面两侧存在较大的气压差，会造成大风天气；

台风是强烈发展的热带气旋，中心气压比四周低，气流会从四面八方向其中心涌入，引起大风；

雷暴等强对流天气发生，或者飑线过境时，往往会伴随强降水和剧烈的大风；

当气流从开阔地区向峡谷地带流入时，由于横截面积骤然减小，气流将加速通过，从而形成大风，称为峡谷风，这一现象被称为狭管效应。

突如其来的大风往往会对人类的生产、生活造成较大危害。大风能导致农作物受损、水分代谢失调，土壤风蚀；春季北方地区，狂风卷起沙粒、尘土，会引起沙尘暴，影响能见度和人体健康；夏、秋季节，东南海地区则常会受到台风影响，吹倒不牢固的建筑物、广告牌和通信电力设备等。

为防患于未然，气象部门通常会在大风来临前发布大风预警信号。大风预警信号按照严重程度从低到高分为蓝色、黄色、橙色、红色四个等级。根据大风预警的等级做好防范措施，可以避免不必要的损失。

当然，风也有益处。在农业上，适度的风对改善农田环境起着有益的作用。风可传播植物花粉、种子，帮助植物授粉和繁殖。在城市，风有利于近地层污染物的扩散，对净化空气，消除雾、霾起到积极作用。此外，如果建立风力发电站加以合理利用，风也是一种取之不尽的清洁能源。

延伸阅读

海陆风和山谷风

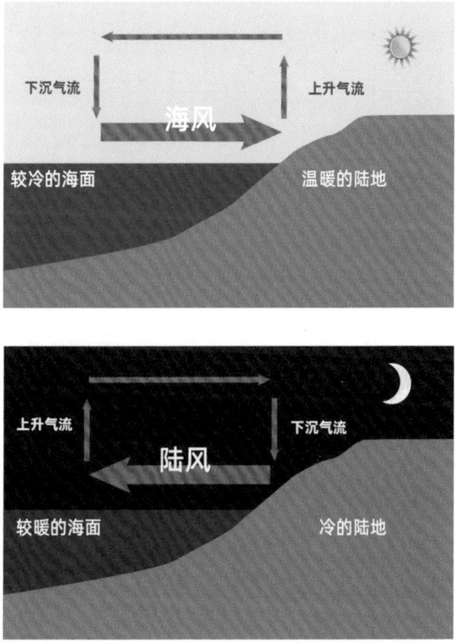

海陆风

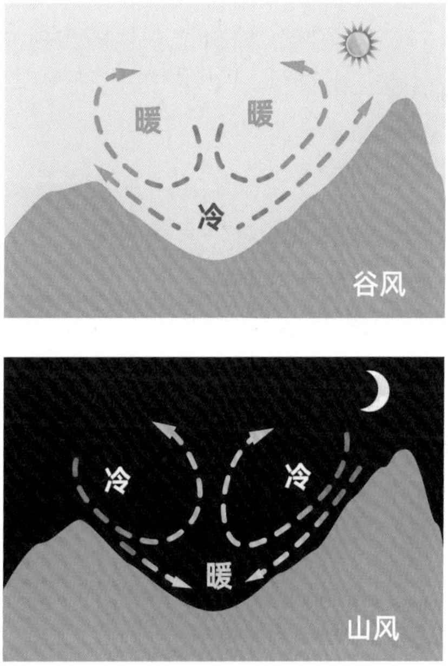

山谷风

海陆风是由于海洋和陆地的热力性质差异形成的风，白天从海面吹向陆面，夜晚从陆面吹向海面。由于陆地的比热容小于海水，白天，在太阳辐射加热下，陆面增热比海面更快，使得陆面的气压低于海面，在气压差的作用下，空气从海面流向陆面，形成海风。夜晚则相反，陆面比海面降温迅速，陆面气压高于海面，空气从陆面流向海面，形成陆风。

山谷风发生在山区，由白天吹的谷风和夜晚吹的山风组成。白天，山坡接收太阳辐射较快升温，同时加热附近的空气；而山谷上空同高度空气因离地较远，升温较慢。暖空气会不断上升，到了高层再流向谷地上空，谷底空气则沿山坡向上补充，山坡与山谷之间形成一个热力环流。其中由山谷吹向山坡的风称为谷风。夜晚，山坡因为辐射冷却反而降温较快，附近的空气降温迅速；谷地上空同高度空气则降温较慢。冷空气因密度大顺势流入谷地，与谷底空气汇合上升，到高层再流向山顶上空，形成与白天相反的热力环流。这时由山坡吹向山谷的风，称为山风。

防风锦囊妙计

1. 尽量减少外出，必须外出时少骑自行车，不要在广告牌、临时搭建物下面逗留、避风。

2. 如果正在开车，应将车驶入地下停车场或隐蔽处。

3. 如果住在帐篷里，应立刻收起帐篷到坚固结实的房屋中避风。

4. 如果在水面作业或游泳，应立刻上岸避风；船舶要听从指挥，回港避风，帆船应尽早放下船帆。

5. 在房间里要关好窗户，在窗户玻璃上贴上“米”字形胶布，防止玻璃破碎；远离窗口，避免强风席卷砂石击破玻璃伤人。

6. 在公共场所，应向指定地点疏散。

7. 农业生产设施应及时加固，成熟的作物尽快抢收。

扫码探秘

降水的形成

展品介绍

本展品是一可操作的互动模型，展示锋面雨的形成过程。内有冷锋、暖锋及降水的演示，观众按动相应的按键，可观看冷、暖锋及降水的形成。

知识链接

降水的形成

降水是由空中降落到地面上的水汽凝结物。根据凝结物的形态，又可以分为液态降水，也就是雨，以及雪、冰粒、霰、冰雹等固态降水。

降水的形成一般来说需要三个条件，足够的水汽、上升运动以及凝结核。降水发生的过程，首先是空气中的水汽从源地输送到降水地区，然后在该地区辐合上升，上升过程中逐渐冷却凝结成云，最后云滴增长变为雨滴降落。

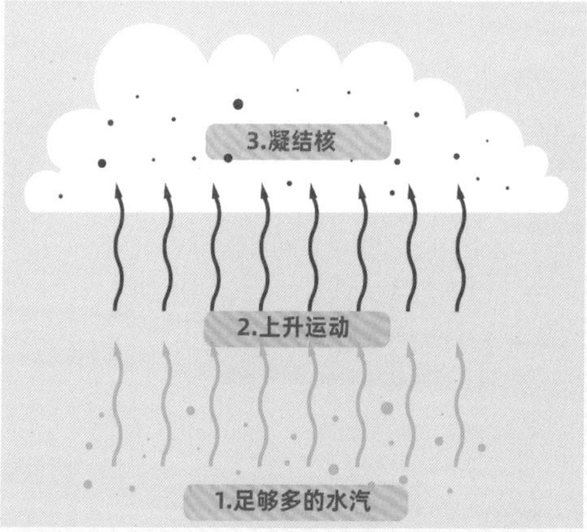

降水形成的条件

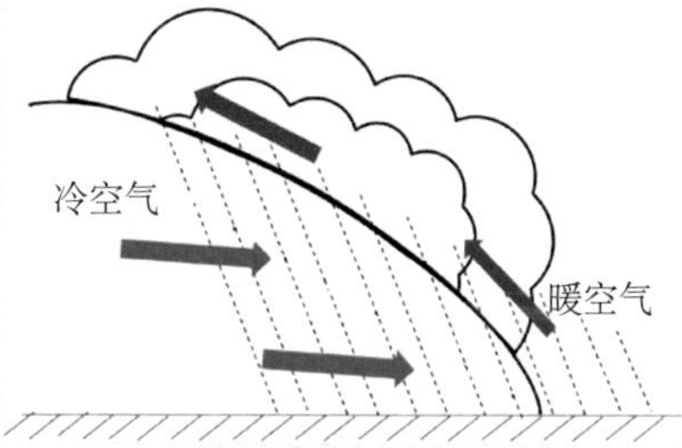

锋面雨形成示意图

水汽的上升运动由多种多样的原因造成，据此可以把降水分成不同的类型。其中比较常见的是由锋面导致的降水。锋面是冷、暖气团相遇的交界面。根据相遇时冷、暖气团的强势程度，又可以对锋面进行分类。冷气团势力大的叫冷锋，暖气团势力大的叫暖锋，冷、暖气团势均力敌则叫准静止锋。当有锋面活动时，暖空气被抬升，条件适宜时就会冷却凝结而引起降水，这种降水被称为锋面雨。

延伸阅读

其他类型的降水

对流雨：常出现在夏季午后，以热带赤道地区最为常见。因日照强，蒸发旺盛，空气受热膨胀上升，至高空冷却，凝结成雨。我们经常说的雷暴引起的强降水就是对流雨，来得很急，但是持续时间不长。

台风雨：是由异常强大的海洋湿热气团组成的热带风暴带来的降雨。台风经过之处暴雨可达数百毫米，甚至1000毫米以上，极易造成灾害。

地形雨：当潮湿的气团前进过程中遇到高山阻挡，被迫抬升，引起降温，发生凝结，这样形成的降雨称为地形雨。地形雨多降在迎风面的山坡上，背风坡则因空气下沉引起绝热增温，形成热风，即所谓的焚风效应。

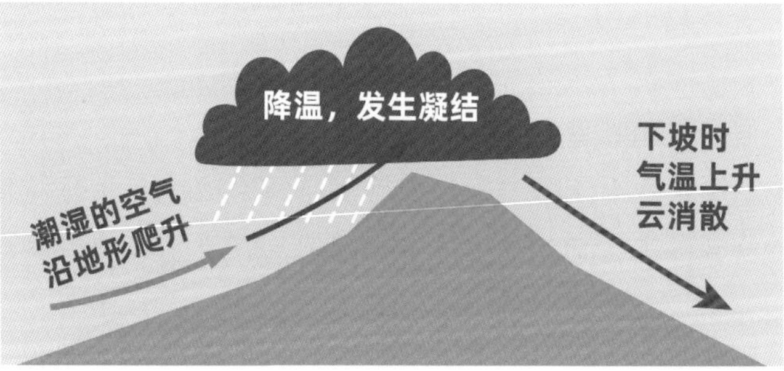

地形对降水的影响

降水量等级划分

展品介绍

本展项由可旋转的外圈与固定的内圈组成，外圈分为 6 块，每块对应一种降水量等级，内圈的试管会显示位于上方相应降水量等级的降水量，LED 屏显示 12 小时或 24 小时的降水量。观众通过转动外圈，了解不同降水量等级及其划分方法。

知识链接

降水量的测量

早在公元 1247 年，南宋数学家秦九韶就已经把如何测量雨量写进了《数书九章》中。根据书中内容可知，我们的先辈已经在用天池盆、圆罂这类生活用具来测量雨量的大小了。天池盆是预防火灾、积蓄雨水用容器，圆罂则是一种小口大腹的盛酒水的器皿。

这些工具以及当时的计算方式有一定的科学性，是世界上最早的雨量观测科学探索。而直到公元 1639 年，意大利数学家卡斯泰利才创制了欧洲第一个雨量器，比秦九韶晚了 400 多年。

现代气象观测中的雨量器一般为直径 20 厘米的圆筒，为保持筒口的形状和面积，筒质必须坚硬。为防止雨水乱溅，筒口呈内直外斜的刀刃形。筒内置有储水瓶。

降水量的概念

在现代气象业务中，降水量的单位为毫米（mm）。那么 1 毫米的降水是一个怎样的概念呢？即在没有蒸发、流失、渗透的平面上，积累了 1 毫米深的水。

举例来说，这就相当于在1平方米的水平玻璃面上倒了两瓶500毫升的矿泉水。气象学中常用的有年、月、日、12小时、6小时甚至1小时降水量。

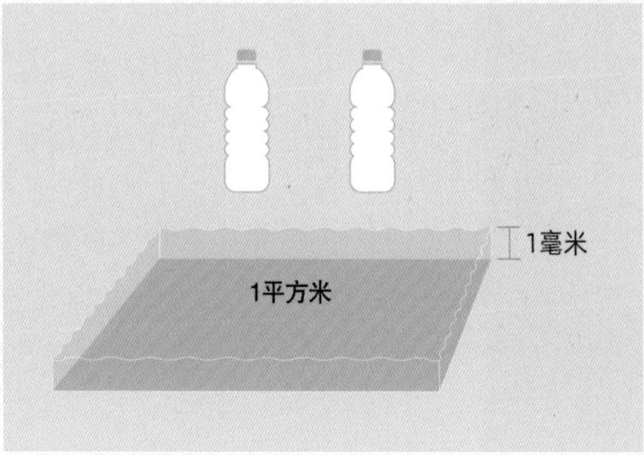

降水量等级划分

将降水量进行定量的等级划分，对降水的监测、预报预警、科学研究以及气象服务等工作具有重要的意义。依据2012年发布的《降水量等级》国家标准（GB/T 28592—2012）规定，液态降水（也就是降雨）分为微量降雨（零星小雨）、小雨、中雨、大雨、暴雨、大暴雨、特大暴雨共7个等级。

等级	时段降雨量（毫米）	
	12小时降雨量	24小时降雨量
微量降雨（零星小雨）	<0.1	<0.1
小雨	0.1～4.9	0.1～9.9
中雨	5.0～14.9	10.0～24.9
大雨	15.0～29.9	25.0～49.9
暴雨	30.0～69.9	50.0～99.9
大暴雨	70.0～139.9	100.0～249.9
特大暴雨	≥140.0	≥250.0

延伸阅读

实际上，降水的概念既包括液态降水——雨，也包括固态降水——雪。由于业务服务及研究的需要，气象部门同样也会对降雪量进行测量。不过与降水量不同的是，这里需要区分积雪深度和降雪量这两个概念。

积雪深度是指从积雪表面垂直向下到达地面的实际积雪厚度，通常以厘米（cm）为单位。而降雪量实际上是指相应的降水量，是将采集到的雪融化成水之后，再用一定标准的容器测量得到的数值，通常以毫米（mm）为单位。

依据《降水量等级》国家标准规定，降雪量分为 7 个等级：微量降雪（零星小雪）、小雪、中雪、大雪、暴雪、大暴雪、特大暴雪。

等级	时段降雪量（毫米）	
	12 小时降雪量	24 小时降雪量
微量降雪（零星小雪）	<0.1	<0.1
小雪	0.1～0.9	0.1～2.4
中雪	1.0～2.9	2.5～4.9
大雪	3.0～5.9	5.0～9.9
暴雪	6.0～9.9	10.0～19.9
大暴雪	10.0～14.9	20.0～29.9
特大暴雪	≥15.0	≥30.0

除了积雪深度和降雪量之外，气象部门还会对雪压进行测量。所谓雪压，指的是单位面积上积雪的质量，单位为千克 / 米 ^{2}（kg/m^2）。雪的重量除了取决于雪本身的密度外，还与雪的含水量多少密切相关。比如，通常情况下南方地区的雪含水量要高于北方地区，那么在厚度相同的情况下，南方的雪就要比北方的重。另一方面，湿雪的黏性也要更大一些，更容易附在树枝、电线上，累积会造成树枝折断、电线断裂，导致一些灾害发生。

水雾彩虹

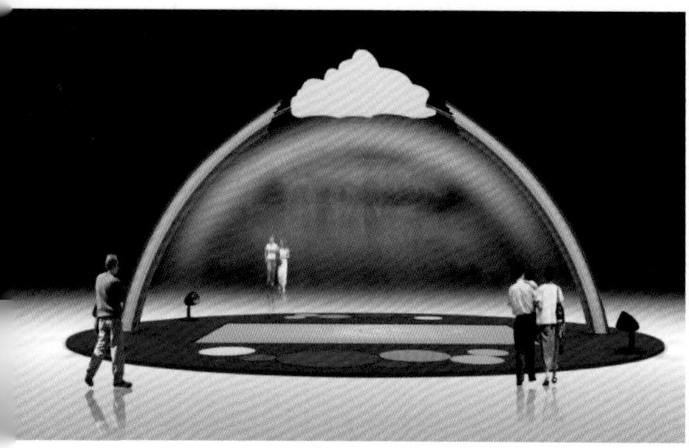

展品介绍

彩虹是阳光射到空中接近圆形的小水滴，因色散及反射而造成的。阳光射入水滴时会同时以不同角度入射，在水滴内亦以不同的角度反射。当中以40°～42°的反射最为强烈，形成我们所见到的彩虹。在人工形成的时候，必须把水通过水雾喷头喷压成雾状，水滴的直径在0.3毫米左右形成一道水滴雾墙，在阳光射入水滴时会以不同角度入射，在大量水滴内亦以不同的角度反射形成彩虹效果。

知识链接

彩虹的形成

简单来说，彩虹是太阳光遇到空气中的水滴之后经过一系列折射、反射过程发生色散而形成的。我们知道，太阳的白光其实是由7种不同颜色的光组成的，当阳光照射到水滴表面时，先发生折射进入水滴内部，再在水滴背面发生一次反射，离开水滴时又发生第二次折射，此时光线的方向已经相对于入射时发生了偏转，不同颜色的光由于偏转角度略微不同而被分离开来，于是就形成了我们看到的七色彩虹。

有时候在同一天空中还可能同时出现两道彩虹，这种自然现象称为双彩虹。两条彩虹形成同心圆弧，其中内圈的称为主虹，颜色排布为外红内紫，而外圈较暗一些的称为副虹（又称为霓），它的颜色排布与主虹正好相反，是内红外紫。

副虹的形成过程与主虹略有不同。如果阳光在水滴内部发生一次反射后，又发生了第二次反射，再折射回到空气中，那么最终的偏转角度就不同于只发生一次反射的情形，于是在主虹的外侧就会产生一条副虹。副虹总是与主虹相伴而生，但由于形成过程中阳光在水滴内部发生了两次反射，副虹的颜色次序与主虹正好相反，并且因为多一次反射损耗了更多能量，副虹的亮度要比主虹较为暗淡。

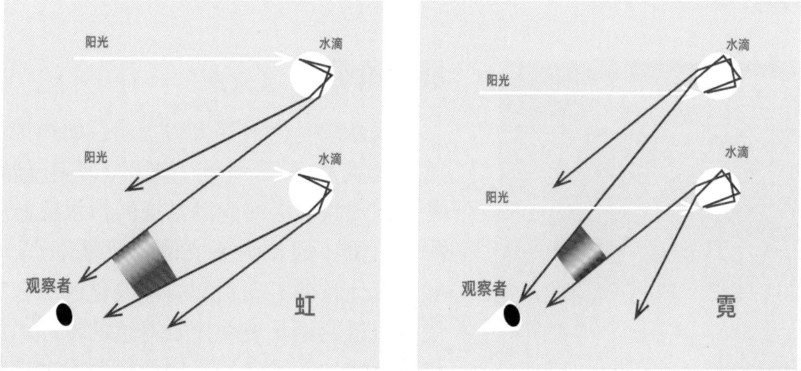

虹与霓

其实只要条件适宜，双彩虹并不算十分罕见，当然也并不是什么神秘的预兆，我国多地都曾有过双彩虹的目击报道。在雨后初晴的时候抬头仰望，说不定哪天你也会见到这瑰丽的景象。

扫码探秘

延伸阅读

自古以来，我国劳动人民通过观察天象、物候的变化，总结规律，形成了大量通俗易懂、妙趣横生的谚语流传至今，并指导着人们的生产生活。从现代的角度来看，其中不乏一些经得起实践验证、蕴含一定科学意义的佳句。例如，这几个谚语都与彩虹有关：

- 早虹雨，晚虹晴
- 早虹雨滴滴，晚虹晒破皮
- 东虹日头西虹雨

从天气系统发展的规律来看，它们所描述的现象具有一定的科学依据。一方面，我国大部分地区位于中纬西风带，受其影响，引起降水的天气系统通常是自西向东移动。另一方面，彩虹是阳光经过空气中的水滴反射、折射发生色散而形成的，彩虹的形成，表明空气中有大量的小水滴。早晨太阳光线来自东方，天空中如果出现彩虹，通常会位于西边，也就是说西边大气中的水汽含量充沛，这预示着上游有可能会有降水系统东移影响到观察者所在的区域。反之，当傍晚东边出现彩虹时，说明东边水汽充沛，降水系统已经移走，不再影响本地，第二天将是个晴天。

风暴潮的形成

展品介绍

风暴潮是由强烈大气扰动，如热带气旋（台风、飓风）、温带气旋（寒流）等引起的海面异常升高现象。沿海验潮站或河口水位站所记录的海面升降，通常为天文潮、风暴潮、（地震）海啸及其他长波振动引起海面变化的综合特征。本展项由透明钢化玻璃筒及蓝色的水和内置的送风机等组成。通过选择不同的风速对玻璃筒内的水面进行持续吹拂，可以看见不同风速下引起的风浪坡度不同，形成涌浪的状态，在最大风力时停止送风，浪涌并不会马上停止。这种波浪引起的长浪振幅成长变大，传递速度变快，可传递至台风的暴风圈最外圈之外。由此了解台风带来的灾害之一：风暴潮的形成。

知识链接

风暴潮也称“风暴增水”或“气象海啸”。它是一种由于剧烈的大气扰动，如强风和气压骤变（通常指台风和温带气旋等灾害性天气系统）导致海水异常升降现象。如果风暴潮恰好与天文潮（通常指潮汐）高潮相叠加，则会形成更强的破坏力。

风暴潮危害巨大，往往会带来狂风巨浪，尤其在与天文大潮高潮位相遇时会使潮位暴涨，有可能导致海堤溃决，潮水冲毁各类建筑设施，淹没城镇和农田，造成人员伤亡和财产损失。此外，风暴潮还会造成海岸侵蚀，海水倒灌，土地盐渍化等灾害。

严重的风暴潮灾害背后往往有这样几个助力因素：强烈而持久的向岸大风；特殊的海岸地形，如喇叭口状港湾和平缓的海滩；天文大潮的配合。

风暴潮可以分为台风风暴潮和温带风暴潮。台风风暴潮是由台风引起的风暴潮。当台风移向陆地时，在台风的强风和低气压作用下，海水会向海岸方向强力堆积，使潮位猛涨，水浪排山倒海般向海岸压去，强台风的风暴潮可能使沿海水位上升数米。

台风风暴潮的特点是来势猛、速度快、强度大、破坏力强，多发于夏、秋季节，集中发生在大江大河的入海口、海湾沿岸和一些沿海低洼地区。温带风暴潮是由温带气旋或冷空气引起的风暴潮。它的主要特点是增水过程相对平缓，持续时间有长有短，多发生于春、冬季节，夏季也时有发生。温带风暴潮多发生于渤、黄海沿岸。

延伸阅读

风暴潮防御指南

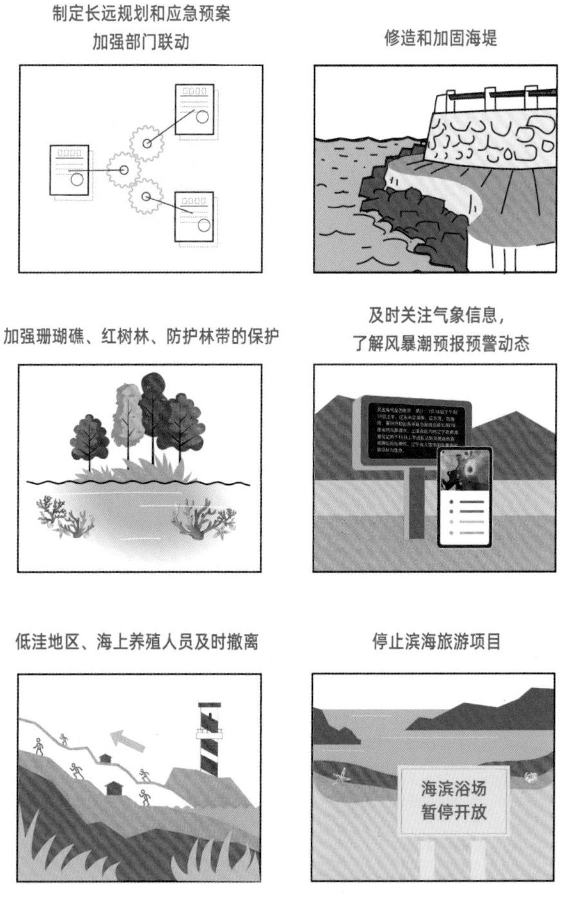
制定长远规划和应急预案
加强部门联动
修造和加固海堤
加强珊瑚礁、红树林、防护林带的保护
及时关注气象信息，
了解风暴潮预报预警动态
低洼地区、海上养殖人员及时撤离
停止滨海旅游项目
海滨浴场
暂停开放

风暴潮防御指南

二十四节气影音互动

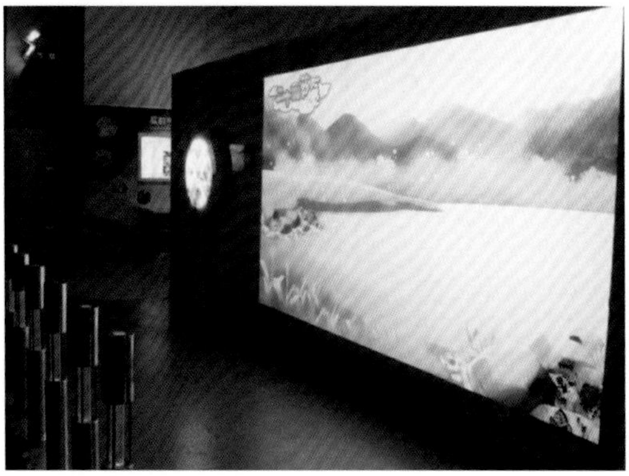

展品介绍

展项设计成自动的时钟，随节气变化，内容相应地变化。当观众踩踏相应内容踏板时，屏幕前会有相应的内容介绍。在外侧设置一个可选择的按钮，当观众想了解其他节气内容时，可以随意切换，观看想看的内容。

知识链接

历史由来

“春雨惊春清谷天，夏满芒夏暑相连，秋处露秋寒霜降，冬雪雪冬小大寒。”这首节气歌谣想必大家已经耳熟能详。二十四节气是中国古代订立的一种根据季节变化指导农事活动的补充历法，它起源于黄河流域附近，春秋战国时期，古人根据农忙时节制定出仲春、仲夏、仲秋和仲冬四个节气，之后不断改进完善，到秦汉年间二十四节气完全确立。

科学依据

二十四节气中每个节气的更替规律其实是以太阳历（阳历）为基础的。我们知道，地球自转的同时也在围绕太阳进行公转，地球公转的旋转轨道面（黄道面）同自转轨道面（赤道面）是不一致的，保持约 23°26′ 的倾斜，这个夹角被称为黄赤交角，是四季更替的根本原因。因为黄赤交角的存在，一年四季太阳光直射到地球的位置是不同的。以北半球为例，太阳直射在北纬 23°26′ 时，天文上称为夏至，直射在南纬 23°26′ 时，称为冬至，一年当中太阳两次直射在赤道上即为春分和秋分。

二十四节气就是根据太阳在黄道（即地球绕太阳公转的轨道）上的位置来

划分的。地球绕太阳旋转运动一周为360°，将其平分成24等份，从春分点（黄经0°）出发，每前进15°（大约半月时间）为一个节气，运行一周又回到春分点，为一回归年。

二十四节气的意义

二十四节气充分考虑了一年中季节更替和气候、物候等自然现象的变化规律。其中反映四季变化的有：立春、春分、立夏、夏至、立秋、秋分、立冬、冬至八个节气，“四立”表示四个季节开始，“二分”“二至”从天文角度反映了太阳直射点和太阳高度变化；反映温度变化和寒热程度的有：小暑、大暑、处暑、小寒、大寒五个节气；反映降雨降雪天气时间和强度的有：雨水、谷雨、小雪、大雪四个节气；反映温度下降过程和程度的有：白露、寒露、霜降三个节气，同时也反映了水汽凝结、凝华现象；反映自然物候现象的是惊蛰、清明节气；反映作物成熟和收成情况的是小满、芒种节气。

二十四节气是我国物候变化、时令顺序的标志，它的形成和发展与我国农业生产紧密相连，民间流传着很多关于二十四节气的谚语，比如“白露早寒露迟，秋分种麦正当时”“小满栽秧一两家，芒种插秧满天下”等，可以根据节气有效指导农业生产。

2016年11月30日，联合国教科文组织保护非物质文化遗产政府间委员会正式通过决议，将中国申报的“二十四节气——中国人通过观察太阳周年运动而形成的时间知识体系及其实践”列入联合国教科文组织人类非物质文化遗产代表作名录。作为中国人特有的时间知识体系，“二十四节气”世代相传，深刻地影响着人们的思维方式和行为准则，也是华夏文明注重天人和谐自然哲学观的重要体现。

延伸阅读

阳历·阴历·农历

古时候人们为了描述时间，发明了历法。历法的产生，在中国最早可以追溯到4000多年前的殷代，之后又不断发展，形成了各种各样的名称和计算方法。现在人们最常说的是阳历、阴历和农历，那它们到底有什么区别呢？

阳历——国际通用

阳历，现在最常用的一种历法，平时表述为××××年××月××日。它以地球绕太阳运动周期为基础，因此叫太阳历，简称为阳历。

阳历中，一年近似于地球绕太阳一周的时间，共365天5小时48分46秒。为了方便天数取整，平年只计365天；四年的尾数积累起来约1天，加在第四年的二月里，这一年叫闰年，有366天。一年分为12个月，大月31天，小月30天，平年二月28天，闰年二月29天。一年中的月份、日期都与太阳在黄道上的位置较好地符合，例如春分点在3月21或22日，不会有大的出入。

阴历——月有阴晴圆缺

阴历是以月球绕地球运动周期为基础的历法，其实就是我们每个月看到的月相变化，因为古人又把月亮称为“太阴”，所以这一类历法叫“太阴历”，简称为阴历。

月球绕地球一周所需时间约为29.5个太阳日，同样地，为了取整，阴历中的“月”长有29天或30天，一年十二个月只有354天或355天，与阳历中“年”的长度365天相差约10天。

农历——阴阳合历

阳历和阴历是很好区分的，最纠结的是农历。它到底属于阳历还是阴历呢？事实上农历既不是阳历，也不是阴历，而是阴阳合历。

阳历着重反映了春夏秋冬的四季特点，而阴历虽然反映了每个月的变化，却完全合不上“年”的拍。我国是农业大国，为了更好地按照时令来种植作物，人们发明了农历。这种历法中设置闰月，也就是找到阴历的“月”和阳历的“年”的“最小公倍数”。“十九年七闰”，基本上每三年里就会有一年有13个月，多一个月，全年共383天或384天。

农历既有月相变化的依据，也与地球绕太阳周期运动相符合，能够反映寒来暑往和月相的盈亏，而且以身边的气象与物候条件、农事活动为参照，实用性强，因此在我国尤其中原的广大地区普遍使用。

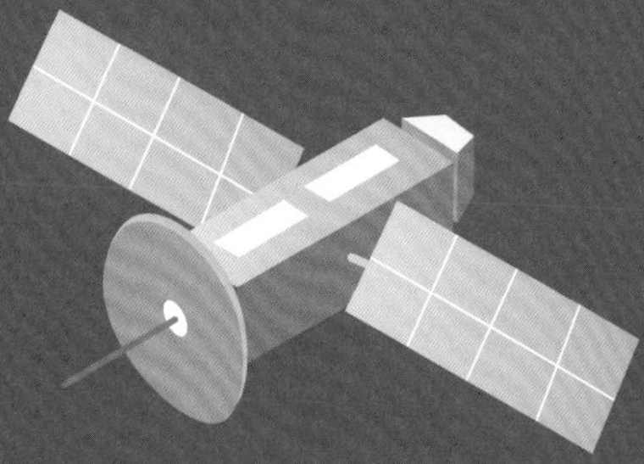

气象观测 »

综合立体观测沙盘秀

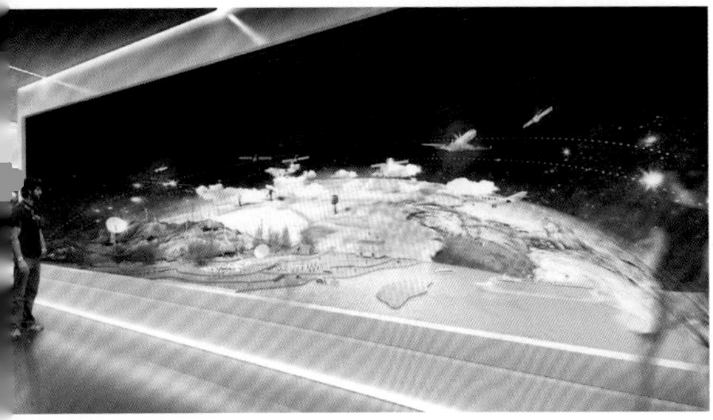

展品介绍

运用精致的微缩沙盘模型展现中国综合气象观测系统，内容包括卫星观测、雷达观测、观测站网、海洋观测、极地观测等，背景通过半景画结合沙盘模型透视呈现，观测装备模型运用机电手段与场景结合，通过墙面投影结合墙绘演绎综合气象观测秀。

知识链接

现代社会里，人类的绝大多数活动都与气象息息相关，无论是农业种植还是交通运输，社会生产活动以及防灾减灾，甚至是军事行动，都离不开气象服务这一重要参考，而随着科学技术的不断发展，包括通信、导航、航空航天、输电管网等行业都与气象有着千丝万缕的联系。气象预报是否准确，预警信息是否及时，在现代社会中显得尤为重要。

在这些气象预报、预警产品的前端，还有着非常非常关键的一个环节，那就是通过观测来获取气象要素信息。早在数千年前，我们的祖先就在农业耕作活动中总结出了不少气象知识，大约到了汉朝开始，出现了用于气象的测量工具，如“铜凤凰”“相风木乌”等就是专门测量风的工具，对于降水的测量方法，在《数书九章》中就记载着1247年秦九韶提出的“平地得雨之数”的具体办法；对云的观察就更早了，长沙马王堆3号墓中出土的《天文气象杂占》帛书中就有了明确的云的图画。

三国演义赤壁一战中就有诸葛武侯夜观天象，神机妙算草船借箭、火烧连营的故事，先抛开故事里有多少人为“加工”不说，只是大战在即诸葛亮首要看的就是天气这一点就足以看出气象观测的重要性。只不过，现代气象预报的要求可就要高得多了，哪怕有一百个诸葛亮一同观天恐怕也无法获取赤壁两岸24小时内的全部气象要素，何况是全国甚至全球范围。

现代气象观测是一门综合的“大学问”，讲究从上到下，多点成面，组网联动，更重要的是能够一年四季不分昼夜、连续获取有效的观测数据。经过四十多年的发展历程，我国现代气象观测从原有的地面观测发展到“地、空、天”立体观测，观测方法也基本上从人工观测记录改为由设备自动完成。

至2017年年底，全国气象部门国家级地面气象观测站共计2426个，包括大气温度、湿度、气压、风速、风向等基本气象要素观测全部实现自动化，观测频率更是达到了分钟级。其中包括国家基准气候站214个、国家基本气象站633个、国家气象观测站1579个。

扫码探秘

如果将这些气象站悉数平均布设到我国960万平方千米的国土上，每个气象站要承担逾4000平方千米面积的气象观测任务，会不会“忙不过来”呀！在这种情况下，有一类被称为“区域自动气象站”的站点出现了，它们比前面提到的国家基准气候站、国家基本气象站更加“平易近人”，能够来到“田间地头”，并且完全不用人员值守，自动监测自动汇报。到2017年年底，我国区域自动气象站数量已达到57435个。

在地面上还有一个观测利器，不仅仅知风晓雨，而且还看得高、看得远、看得细，这就是组成我国气象观测系统“空”字头的多普勒天气雷达，截至2017年年底，全国气象观测系统中共有198部雷达组网运行，观测范围约为220万平方千米，基本覆盖全国气象灾害易发区和重点服务区。

在太空中由卫星担任气象尖兵，由风云系列卫星构成了极轨、静止轨道并存的现代气象空间观测体系，能够对全球范围、局部重点区域以及空间天气进行业务观测。到2019年年底，我国已成功发射17颗风云系列卫星，7颗在轨运行。气象卫星数据产品更是广泛应用在多个领域，国内接收和使用风云卫星资料的用户超过2700家，全球98个国家和地区在使用风云卫星。

延伸阅读

什么是国家基准气候站?

国家基准气候站是获取标准气候资料的气候站，是国家天气、气候站网中的骨干和标准站。基准气候站每小时进行一次气候观测，昼夜守班，向国家、省级气象局报送气象记录年、月报表（基准）；承担天气报、气候月报、重要天气报和航危报（军事、航空航天专业天气预报）等任务；多数站的天气报、气候月报参加全球和亚洲区域交换。

国家基准气候站是根据国家气候区划和全球气候观测系统的要求，为获取具有充分代表性的长期、连续气候资料而设置的气候观测站，是国家气候站网的骨干。必要时可承担观测业务试验任务。

什么是国家基本气象站?

国家基本气象站是国家基本气候站、基本天气站和基本农业气象站、一般气象站的统称，是为满足全国性气象业务和服务需要而设立的，是国家气候站、天气站、农业气象站中的主体部分。

国家基本气象站是根据全国气候分析和天气预报的需要所设置的气象观测站，大多担负区域或国家气象信息交换任务，是我国天气气候站网中的主体。

什么是国家气象观测站?

国家气象观测站简称一般站。主要是按省（自治区、直辖市）行政区划设置的地面气象观测站，获取的观测资料主要用于本省（自治区、直辖市）和当地的气象服务，也是国家天气气候站网的补充。

气象观测站网

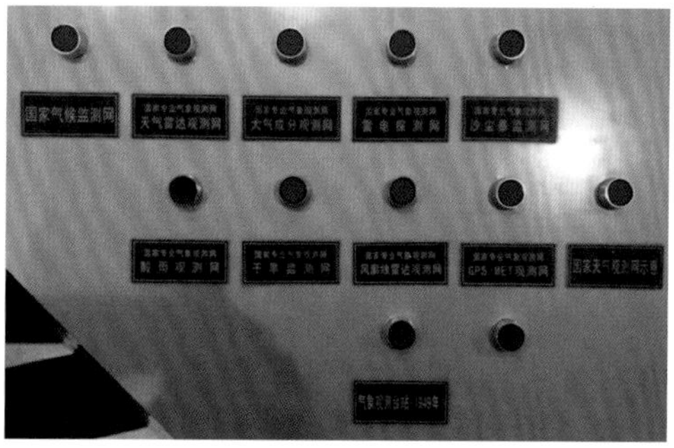

气象观测站网（左：全景图；
右：站网选择按钮）

展品介绍

采用 LED 显示与控制技术、触摸屏技术，按钮软键控制实现国家气候监测网、大气成分观测网、沙尘暴监测网等 11 种不同类型气象观测站网间的切换。信息传输 LED 可控电子演示展板，采用 LED 控制显示技术、通信卫星模型，结合可准确示意信息网站的展板，动态演示世界、中国、省市县气象信息传输过程。

知识链接

气象综合观测系统

气象综合观测和常规气象观测相比，如同是在看一本有关地球大气运动变化的立体书。最早的气象观测内容只有温湿度、降水、气压等气象要素，随着人类活动界限向空中移动，出于对发生在对流层中上层的大气运动必须掌握的需求，开始出现借助气球和飞机的空基观测，观测要素较之前丰富了一些；而与现代生活密切结合的天气预报对于观测的要求就更高了，大气质量、交通天气、航天保障等多个领域的气象观测都向着网格化高精度的方向发展，观测要素从地面、对流层、平流层、电离层、轨道大气一直扩展到太阳大气，这就要借助卫星站得高、看得远、看得清、看得快的优势，从太空进行连续观测。在这种情况下，就产生了由地基、空基、天基观测共同组成的综合观测系统，完完整整地将从地面到太空的大气成分、实时活动、未来趋势立体地展现出来，从而为准确再现气候变化，有针对性地采取防灾减灾的举措，确定长期环境发展方向提供科学客观的依据。

目前我国综合气象观测网包含以下内容，分别是天气雷达观测网、大气成分观测网、雷电探测网、沙尘暴监测网、酸雨观测网、干旱监测网、风廓线雷达观测网、GPS/MET 观测网等。

延伸阅读

在我国数以万计的观测台站中，有一类观测台站显得尤为特殊，它们的数量不多，全国范围只有 97 个，每一个都特色鲜明、“绝技在身”、无可取代，它们被称作国家野外科学观测站，那它们到底有哪些厉害之处呢？

欧亚大陆上唯一的内陆型全球大气基准观测站，全球海拔最高的大气本底基准观测站，我国唯一一个全球级大气本底观测站，这一系列以“很厉害”为前缀的称号都属于这座野外科学观测站——青海省海南藏族自治州瓦里关站。这里的海拔高度达到了 3816 米，人员的工作条件不可谓不艰苦，也正是如此，其所肩负的大陆型全球基准站的责任才愈发重大，它的观测数据代表了全球陆地大气本底，这对于应对全球气候变化至关重要。

就在北京市中心东北方向约 120 千米的密云区上甸子村，同样部署着一个国家野外科学观测站——上甸子站，一片四周开阔的小山坡之上，大气环境监测设备一刻不停地获取着大气本底数据，这些数据在环境气象预报业务、臭氧环境预报业务以及科学决策上发挥着重要作用。

厉害吧！还有呢！

位于我国东北黑龙江省五常市的龙凤山站，自 1989 年建站以来一直记录着东北地区大气本底环境变化的数据，目前开展了温室气体及相关微量成分、气溶胶、反应性气体、常规气象要素、大气辐射以及干湿沉降共 7 大类近 100 种要素的观测。这些数据是政府每年发布温室气体公报的关键依据，在研究地球大气成分变化、早期预警方面都起着不可替代的关键作用。

在“城市群大气成分监测”上，浙江省杭州市临安区的临安站可谓行家能手，短短5年时间内，该站获得各类气象、大气成分的观测数据近4000万条，包括温室气体、气溶胶、反应性气体、酸雨、大气臭氧柱总量、太阳辐射、地面气象等7大类30余种要素的观测，城市群大气变化的绝大部分变化它都能灵敏捕捉到。

气候系统示意模型

展品介绍

采用背景投影、模型、灯光造型、仿真等工艺和技术，结合多媒体虚拟短片，动态地模拟大气圈、水圈、岩石圈、冰雪圈、生物圈组成的气候系统全貌，揭示五大圈层相互作用，显示多圈层综合观测情景。

知识链接

气候系统

地球作为一颗太阳系行星的同时，还是一个孕育了无数生命的神奇之地，我们之所以能够生存在这里，离不开来自太阳的能量馈赠，也少不了地球磁层和大气层的保护，除此外，地球还是一个相对稳定的大环境，它由大气圈、水圈、岩石圈、冰雪圈和生物圈共同组成，各个组成部分之间在太阳辐射的驱动力下，发生着复杂而连续的物质和能量交换，我们称其为全球气候系统。

在全球气候系统中，最为活跃、变化最大的就是大气圈，也就是我们通常所说的大气层，从地面到上万千米的高空都有地球大气存在，只不过高度越高大气越稀薄，不然的话巨大的阻力会使我们的卫星和飞船都无法在太空高速飞行了。大气层从下向上按照显著的物理特性差异被分为对流层、平流层、中间层、热层和散逸层，大气的成分构成是这样的，约 78% 的氮气和 21% 的氧气，剩下还有大约 0.93% 的氩气，以及所占比例更低的二氧化碳、稀有气体和水蒸气。

水圈包含海洋、湖泊、江河、地下水和地表上的一切水以及大气中的水汽

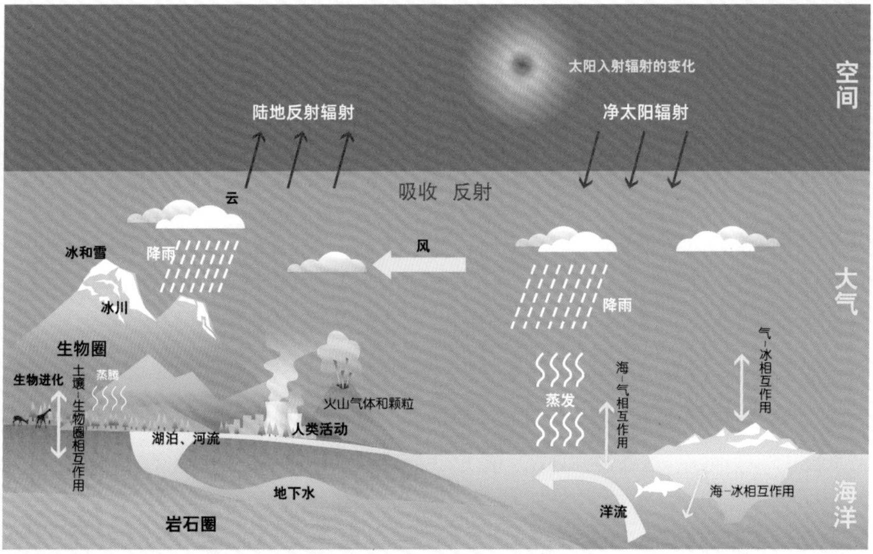

和冰原的固态水，这些形式各异的水形成了一个连续不规则的圈层。上到大气对流层顶部，下到深层地下水的下限，液态、气态、固态三种不同形态的水会通过热量交换而部分相互转化。

岩石圈是由地表上的大片陆地构成的，包括山脉、洋底、地表岩层、沉积物和土壤。在时间尺度上，岩石圈特征的变化是气候系统中变化最缓慢的成分，其时间长度可与地球本身的年龄相比拟。岩石圈与气候变化最密切相关的部分是陆面的植被、土壤以及相关联的陆面过程。

冰雪圈是由陆地之上的大陆冰原、高山冰川、地面雪盖以及海洋中的海冰等构成的，其变化具有较明显的季节性，比如南半球的海冰覆盖面积最大时出现在9月，而北半球则发生在3月，除此之外，冰雪圈的变化也是十分显著的，北半球冰雪覆盖面积最大值与最小值可相差近6倍，而大陆冰原和高山冰川中长期冰冻的部分可存在数百甚至数百万年。

全球生物及其所处的环境的总和叫生物圈，是整个地球最大的生态系统，上到一万米的高空，下到一万米的大洋深处，都有生命的存在。与前面四个相比，生物圈是一个非常特殊的圈层，从某种程度上说，生物圈是太阳和地球气候系统共同作用而最终形成的一片“绿洲”，是整个太阳系目前为止唯一的生命家园，是一个封闭且能够在一定程度上自我调控的系统，同时，生物圈又是非常敏感、脆弱的，它受气候变化的影响，但是反过来又影响着地球的气候。

延伸阅读

五大圈层相互作用

“一只南美洲热带雨林中的蝴蝶扇动着它那两对美丽的翅膀，这不经意间的举动可以在两周后引发另一片大陆上的一场龙卷”，著名的“蝴蝶效应”中的一个场景即生物圈的变化通过不断的演变、放大、传输，最终对整个气候系统造成影响。在这一过程中，能量是一个关键信息，如同天气预报中通过卫星看到的云系变化，就可以看成是各圈层热能、动能、化学能、势能之间交换流动的绝佳例子，很好地展现不同圈层之间的作用过程。

来自太阳的辐射能量经过大气层的“过滤”到达海平面后，有大约 80% 的能量被海洋吸收，其中大部被储存起来，在随后的过程中，通过长波辐射、蒸发潜热、湍流显热等方式将能量又输送给大气，同时，通过蒸发源源不断地将水汽注入大气中，这些能量都为大气的运动提供了能源。反过来，大气“推动”海洋形成洋流和翻涌，把之前获取的能量又释放出来，一同影响全球的气候系统。

扫码探秘

对于冰雪圈、岩石圈和生物圈而言也是如此，如陆地上的植物从大气圈和水圈中吸收光能和水的同时又释放出氧气和二氧化碳，作为重要的能源基础为生物圈所用，因此产生了更多的二氧化碳又影响着大气圈和水圈。冰雪反射太阳辐射平衡地表热量，海底火山不断涌出的熔岩加热了海水，热流又进一步影响海洋冰川，正是这种复杂而又紧密的能量交换过程，使得地球气候系统始终保持着一个相对平衡的状态，也正是依靠这样平稳的气候系统，才有了地球生命长期繁衍生存的可能。

地基观测系统沙盘

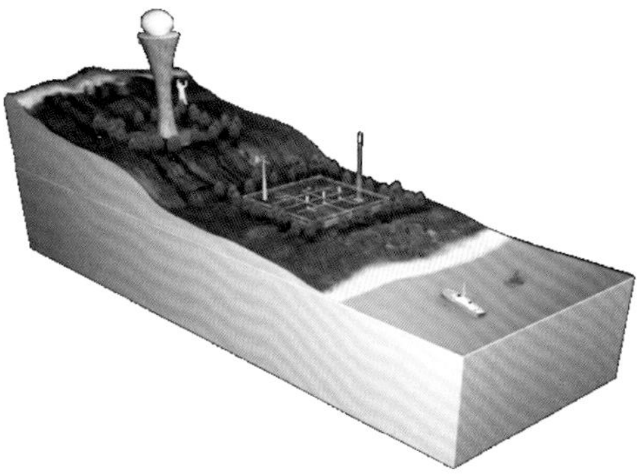

展品介绍

以沙盘直观地展示标准气象观测站、多普勒雷达观测、海洋观测、移动观测等地基气象观测系统。

知识链接

提起气象的地基观测，大家在日常生活中或多或少都接触过，山野田间树立的自动观测站，绿化草坪中的百叶箱，高高立起的风向标，还有城市夜间突然出现的绿色激光，这些都是我们获取气象信息的种种设备。除此之外，还有地面加密气象站、各种天气雷达、大气成分观测仪等，这些组成了我们的地基观测系统。

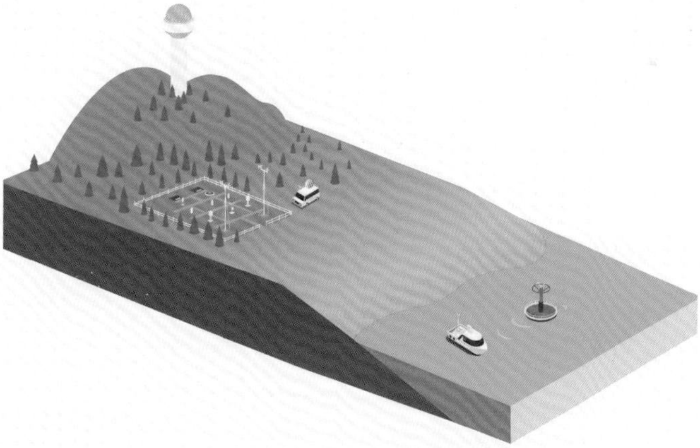

地基观测系统示意图

在地球上，只要是有人的地方基本就有气象观测设备存在，比如环境非常苛刻的北极黄河站和南极的长城站、中山站，就分别架设了不同的气象观测设备。而在它们中间跨越的近12000千米的区域内，更是包含了冰原冻土、海洋、高山、平原、沙漠、森林等不同的地质条件与自然环境，其中对大气活动有影响的因素种类多样，且这些因素彼此之间的变化与相互作用更是千变万化，要搞清楚这个过程就需要足够多的观测数据。

海上气象观测站，根据建造条件不同，有的依岛而建，有的架设在礁石上，有的随着海上船只到处航行，还有不少就漂浮在人造大型浮标上。这些我们平常看不到的观测站获取了大洋上的包括风速、风向、气温、气压、湿度等基本气象要素，有的相对特殊一些，还能通过地波雷达对海浪进行大面积监测，更有一些配备水下观测能力，对海水环境进行监测。

回到陆地上，和我们日常生活联系最为紧密的地面观测系统就是地面加密气象站网，它们更高频率地对常规气象要素以及地温、辐射、蒸发量等进行观测，借助组网获得的高空间分辨率优势，对发生在城市中的气象灾害在较短时间内提供响应。

在现代气象观测系统中还有几个能力突出的小伙伴，比如多普勒天气雷达，不仅能探测，还能定量地获取一定范围内的降雨信息、空气移动速度甚至是雨滴的形态这种天气的细枝末节都能知晓。除了下雨和刮风，它还能探测热带气旋、雷暴、湍流、龙卷、冰雹、冻雨等，是目前气象观测中重要的探测设备。

组成地基观测系统的还有风廓线雷达，它的名气相对小一些，但是对应的产品大家一定不陌生，比如手机气象APP中常见的全球风场图，获取手段之一就是通过风廓线雷达捕捉到晴空湍流的回波，利用大气湍流对雷达电磁波的散射作用，遥感探测大气中风的变化情况。

除了以上这些观测设备外，还有微波辐射计、水汽观测系统、城市陆气交换涡动观测系统、大口径激光闪烁仪、闪电定位仪、大气电场仪、车载应急观测系统等，这些设备与系统共同组成了地面气象观测系统。

延伸阅读

我国最北的气象站

黑龙江省大兴安岭地区的漠河县有一个北极村，在这里就坐落着我国最北端的气象站——北极村气象站，始建于1957年，承担着向国家气象中心，并通过国家气象中心向亚太地区及全球气象组织提供气象数据的任务。这里常年有人值守，每天八次观测风雪无阻，一年365天从不间断，每年春节也如此。

我国最南端的气象观测站

位于西沙永乐群岛的珊瑚岛，珊瑚岛气象站于1975年1月1日建成，常年有人值守，现在是重要的国家基准气候站。

我国最西端的气象观测站

位于帕米尔高原东坡，塔里木盆地西部，靠着西昆仑山，部署着我国最西边的气象站——塔什库尔干气象站，这里的海拔达到3000多米，1957年1月建站，在新疆喀什地区塔什库尔干塔吉克自治县境内，是国家一类艰苦台站。这里气候干旱，四季不分明，昼夜温差大，气压低，日照长，年平均降水量不足70毫米。

我国最早看见太阳的气象观测站

有这样一个地方，能在我国最早看到太阳，还能在夏天看到下雪，这里就是黑龙江省境内三江平原黑龙江、乌苏里江两江交汇的三角地带。抚远国家气象观测站就建立在这里。

天基观测系统模型

展品介绍

中国气象科技展厅正门入口最醒目的“明星展项”。一个巨大的、采用特殊材料、通过新工艺精制的地球模型，不同金属轨道上运动的极轨卫星模型、地球表面形象逼真的地形地貌，以及运用LED控制显示技术、多媒体虚拟短片直观地展现温盐环流、实时卫星云图以及气象卫星工作状态。

知识链接

极轨气象卫星

气象卫星家族中的元老，因其飞行路径要通过地球的南北极上空而得名，又称为“太阳同步轨道气象卫星”。它们在观测地球天气时采用的是“您躺着别动全交给我”的贴心技术风格，飞行在距地面800千米左右的高度上，大约每100分钟就会绕着地球转一圈，通过卫星上搭载的各类监测设备，快速准确地获取温、湿、云等气象关键要素信息。我国最新一代的极轨气象卫星是风云三号，它除了具备常规的监测能力外，还能获取包括太阳辐射、大气臭氧、空间天气等在内的其他气象数据。

我国极轨气象卫星家族有1988年首发的风云一号，以及它的后继者第二代极轨气象卫星风云三号。

静止气象卫星

星如其名，静止气象卫星真的就是静止的呢！只不过那是相对地面上的我们而言，实际上，它们是围绕在地球赤道上空和地球一同飞行的卫星，因为具

有和地球自转几乎一致的角速度，如同“飘浮”一般始终悬停在我们上方不动，这就是它们名字的来历。

那为什么是一圈而不是一群呢？

围绕一个物体旋转的同时还要与其保持一致的角速度，对于地球来说，第一个条件就是要绕着它的质心匀速飞行，这个质心就是地球的中心了；第二个条件就更简单了，要想步调一致，那两者的转轴必须在一个平面上。所以，静止气象卫星的轨道就变得非常特殊，飞行高度35786千米，位于赤道上空与地球自转平面一致，地球转一圈，它也不多不少地跟着地球一步不差地转一圈。

静止气象卫星能够一年365天，每天24小时不间断地观测地球上发生的天气活动，因为轨道高度高，相应覆盖的地表面积就大，只需要三颗，就基本可以把整个地球上正在发生的气象事件尽收眼底了。它们还与前辈极轨气象卫星联手，从而兼顾了观测的时效性和高精度，基本满足了现代气象观测和预报的需求。

我国静止气象卫星包含风云二号和风云四号两代。

温盐环流

温盐环流（英文：thermohaline circulation，缩写：THC），又称深海洋流、输送洋流、深海环流等，是一个依靠海水的温度和盐度驱动的全球洋流循环系统。这个系统的运作现况复杂且漫长，以风力驱动的海面水流在海洋内大范围地运动并随着温度的降低而下沉，在到达某些海域，温度再次升高。如墨西哥湾的暖流会将赤道的暖流带往北大西洋，从而形成北大西洋暖流，这股暖流在高纬度地区会被不断冷却，随后下沉到海底，这些高密度的水接下来进入海底盆地，并没有停止脚步，而是继续南下前往其他海域，在遇到暖洋位后被加热，如此循环往复，一次温盐循环耗时大约1600年，在这个过程中洋流运输的不单是热能，当中还包括地球固态及气体资源等。除此之外，温盐环流最受人类关注的是其全球恒温的功能，关于温盐环流的触发机制，目前的推测认为主要是由于北大西洋及南冰洋之间的盐分及温差对流而触发的。

延伸阅读

气象卫星服务“一带一路”

风云卫星全面支撑“一带一路”倡议，作为国际空间和重大灾害国际宪章机制值班卫星，为南亚台风、南美火灾、非洲干旱等提供数据和产品支撑，为相关国家提供定制化的台风、暴雨、沙尘、火灾等精细化、业务化的重大气象灾害产品服务，并被世界气象组织纳入全球业务应用气象卫星序列，成为全球综合地球观测系统的重要成员。目前风云气象卫星向全球 98 个国家和地区、国内 2700 多家用户提供资料和产品。同时，风云气象卫星数据已经成为全球数值预报模式系统的重要来源，全球应用服务的巨大潜力正在逐步释放。

为贯彻落实习近平主席重要讲话精神，围绕国家“一带一路”倡议和外交大局，中国气象局和国防科工局将风云气象卫星合作作为“一带一路”空间信息走廊合作的旗舰项目，进一步提高风云卫星的综合应用效益和国际影响力。同时，也是我国航天和气象领域开展国际合作的标志性窗口，体现出中国作为发展中大国对国际社会的重要贡献和对构建“人类命运共同体”的责任担当。在 2019 年 6 月 14 日结束的第 18 次世界气象组织大会上，世界气象组织表示，中国在气象服务和气象卫星技术方面，已达世界领先水平，并为全球气象工作作出贡献。

风云卫星模型

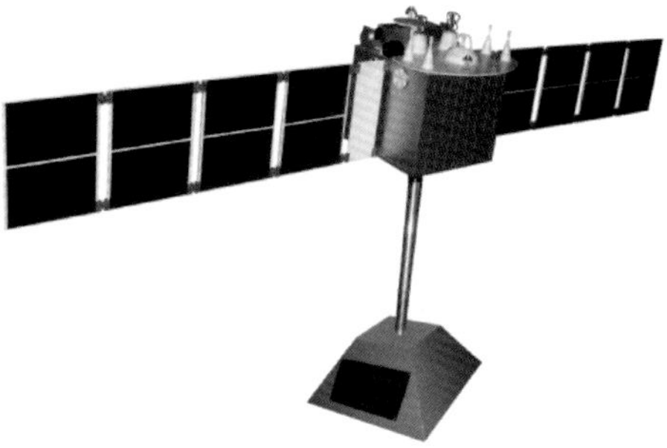

风云一号
展示空间：270 厘米 ×35 厘米 ×120 厘米

风云二号
展示空间：70 厘米 ×160 厘米

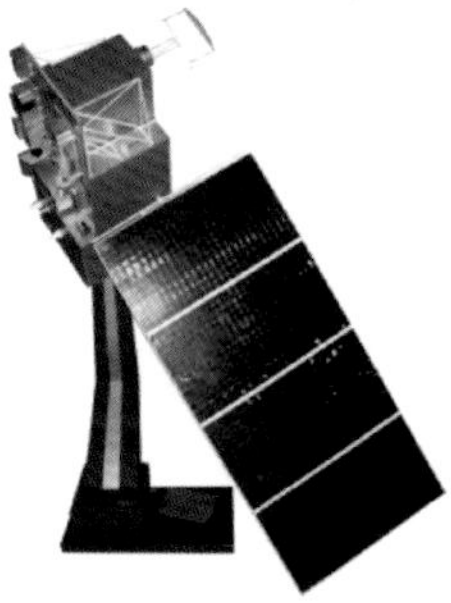

风云三号
展示空间：150 厘米 ×73.5 厘米 ×150 厘米

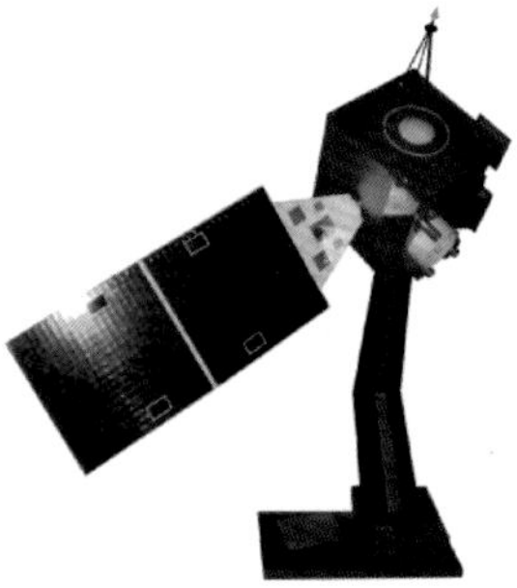

风云四号
展示空间：140 厘米 ×63 厘米 ×160 厘米

展品介绍

风云系列卫星模型，制作材质与工艺：金属机加工制作、PVC 雕刻、PVC 胶板、专业调漆、抛光镜片。技术标准：按照 1:6 的比例制作，仿真效果。

气象卫星 360° 虚拟幻象

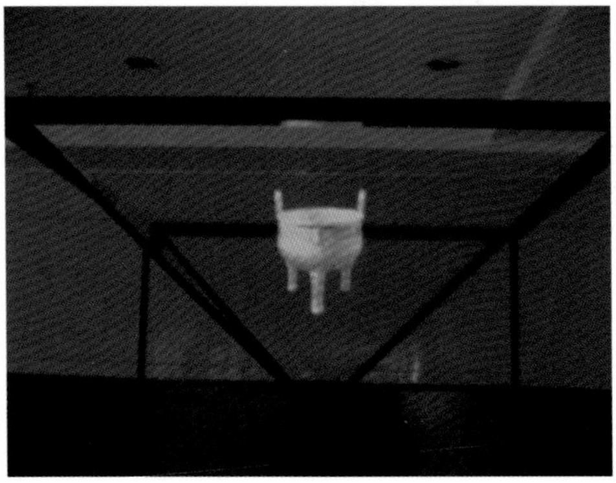

展品介绍

利用 360° 全息投影技术，表现风云气象卫星的运行轨迹及卫星与地球的关系等空间立体影像。观众观看幻象的范围扩展到 360°。幻象顶端四面透明，真正的空间成像，影像清晰，真实悬于空中，给观众以真实直观的三维视觉效果。由一系列幻象镜、大尺寸显示设备、多屏图像处理器及三维技术、互动设备等组成。

知识链接

风云卫星是我国气象卫星家族的总称，自 20 世纪 70 年代起至今已走过了五十余年的发展历程，不断刷新我国全球气象观测的新高度，我们就一起来简单回顾一下风云系列卫星的发展历程。

扫码探秘

告诉世界我们来了的风云一号

早在 20 世纪 60 年代，我国就开始进行发展极轨气象卫星的准备工作，1969 年，周恩来总理指出要搞我国自己的气象卫星，从此，酝酿已久的风云一号气象卫星开始了研制与发展工作。

1988 年 9 月 7 日，风云一号系列的首颗星 A 星成功发射升空，紧接着在 1990 年 9 月 3 日，第二颗星风云一号 B 星成功发射，这先后发射的两颗气象卫星作为试验型卫星，解决了从无到有的问题，为监测设备、卫星平台、数据传输以及地面应用系统提供了关键测试条件。

随后在 1999 年 5 月 10 日、2002 年 5 月 15 日成功发射风云一号 C、D 星。

以风云一号 C 星为例，该颗卫星是太阳同步轨道气象卫星，运行轨道高度 863 千米，绕地球一周需要 102 分钟，可通过可见光、近红外、红外三个波段遥感地球，最高分辨率达到 1.1 千米。

风云一号系列卫星作为我国最先研制和发射的对地遥感应用卫星，解决了太阳同步轨道卫星的发射和精确入轨、长寿命的三轴稳定姿态卫星平台、高质量的可见和红外扫描辐射计、全球资料的星上存储和回放，对卫星的长期业务测控和管理、地面资料接收处理应用系统的建设和长期业务运行等一系列关键技术问题。

风云二号，我国第一代地球静止气象卫星

1997 年 6 月 10 日，风云二号系列卫星的首星在西昌卫星发射中心搭乘长征三号火箭成功发射，6 月 17 日，风云二号 A 星准确定点于 105°E 赤道上空，由此正式拉开了我国静止轨道气象卫星的在轨运行时代。

在随后的 21 年里，风云二号系列卫星分三批共发射八星。

极轨“新星”——风云三号

风云三号（FY-3）气象卫星是我国第二代极轨气象卫星，它是在 FY-1 气象卫星技术基础上的发展和提高，在功能和技术上向前跨进了一大步，具有质的变化：具备三维大气探测能力，进一步提高了对云区和地表特征的遥感能力，从而能够获取全球、全天候、三维、定量、多光谱的大气、地表和海表特性参数。

FY-3 气象卫星已得到广泛的应用：

1. 为中期数值天气预报提供全球均匀分辨率的气象参数。

2. 研究全球变化包括气候变化规律，为气候预测提供各种气象及地球物理参数。

3. 监测大范围自然灾害和地表生态环境。

4. 为各种专业活动（航空、航海等）提供全球任一地区的气象信息，为军事气象保障服务。

组网观测的风云三号系列卫星每天能够完成对全球的多次扫描，大大提升了对气象、海洋、农业等领域观测的数据时效性，对提升气象保障与服务能力起到了关键的作用。

大国重器——风云四号

风云四号气象卫星是我国第二代静止气象卫星，其前期技术论证从20世纪90年代就已经开始了，在“十五”期间有关部门已经开始进行风云四号关键技术预先研究，在2008年完成风云四号总体工程的国家立项并进入研制。其主要发展目标是：卫星姿态稳定方式为三轴稳定，提高观测的时间分辨率和区域机动探测能力；提高扫描成像仪性能，以加强中小尺度天气系统的监测能力；发展大气垂直探测和微波探测，解决高轨三维遥感；发展极紫外和X射线太阳观测，加强空间天气监测预警。风云四号卫星计划发展光学和微波两种类型的卫星。

2016年12月11日00时11分，我国在西昌卫星发射中心用长征三号乙运载火箭成功发射风云四号卫星。经过6天17小时的太空飞行，五次变轨控制，我国风云四号01星成功到达东经99.5度距离地面约35800千米的赤道上空，卫星姿态稳定、星上各仪器工作正常。自此，风云四号01星正式命名为风云四号A星，加入我国风云卫星大家庭。

风云四号是第一代静止轨道气象卫星风云二号的升级版，我国首颗静止轨道三轴稳定的定量遥感卫星，在多方面实现了重大技术突破：搭载的扫描成像辐射计可见光通道最高空间分辨率由1.25千米提高到500米，时间分辨率提高1倍，可每15分钟对东半球扫描一次，最快每1分钟生成一次区域观测图像；在世界上首次实现静止轨道高光谱大气垂直观测，观测能力是现有观测系统的上千倍，对于提升天气预报准确率和精细化水平有跨时代意义；搭载的闪电成像仪首次实现我国静止轨道闪电成像观测，为强对流天气的监测和跟踪提供观测手段；解决了多仪器同时工作产生的相互干扰问题，在世界上首次实现对大气的多手段综合观测等。真正实现了我国静止轨道气象卫星从跟跑到并跑，最终领跑的发展之路。

延伸阅读

风云卫星未来规划

目前和未来一段时间内，我国风云系列气象卫星的发展在极轨和静止轨道两个方向上分别针对风云三号和风云四号进行，目前，已经提上发射“日程”的包括风云三号05星和风云四号02星。其中，风云四号02星是该系列的首颗业务星，也是光学探测的首星。风云三号05星则是作为晨昏星，补充原有观测区域不足，解决“一早一晚”原有观测空白区的问题。

2019年4月，我国第三代极轨气象卫星风云五号正式启动需求论证，作为未来接替风云三号卫星的低轨气象卫星，风云五号卫星系列包括综合观测卫星、专用观测卫星和应急极端天气监测星座群等。其中综合观测卫星对气象、气候重点关注的大气温、湿、压、风、云、成分、空间天气等全要素进行综合观测；专用观测卫星对单一要素采用综合手段进行高精度探测，围绕降水、风、云、成分等其中的某单一要素采用多种观测手段进行高精度探测；应急极端天气监测星座群针对突发灾害、极端天气高时效观测。作为气象卫星抓总研制单位，航天科技集团八院需要打造多源大扰动条件下的高精度高稳定性零漂移卫星平台，以及高精度、高稳定性、长寿命的有效载荷，支撑中国气象事业的进一步发展，确保航天强国、气象强国建设。

预计到2035年，我们将迎来风云五号和风云六号。

天气雷达（多普勒雷达、双偏振雷达）模型

展品介绍

天气雷达是利用云雾、雨、雪等降水粒子对电磁波的散射和吸收，探测降水的空间分布和铅直结构，并以此为警戒跟踪降水系统的雷达。本展项分别制作多普勒雷达与双偏振雷达模型，通过展台上的手柄控制雷达转动，模拟雷达工作时的状态。通过模拟操作演示，观众深入了解雷达的工作原理。

知识链接

多普勒雷达

顾名思义，多普勒雷达就是借助多普勒效应来探测天气要素的雷达，好吧！这相当于啥也没说。那我们就从外观、原理和功能三个方面来说说它。

先说外观，与其他雷达不同的是，多普勒天气雷达看起来就像一幢大厦，高高的观测塔上顶着一个大大的“圆球”，如果不是“内行人”，只看其外表是很难知道这是做什么用的。高塔里放置了雷达的天线基座、控制、接收、处理、传输等系统，还有专用的供电、消防等配套设施，多普勒雷达堪称气象雷达中的豪华高配版，每一座的造价都很高。同是看雨观云的气象监测设备，为何多普勒天气雷达受到如此特殊照顾呢？这就要从它们的工作原理说起了。

1842 年，奥地利物理学家 J.C. 多普勒发现，如果观测者和发出振动波的物体之间有相对运动时，那么观测者接收到的波的频率和波源的固有频率是不同的。对应到生活中的实例，当一辆汽车向着我们疾驰而来，发动机的轰鸣声会随着车辆的离近而发生声调的变化，由远到近再及远的过程对应着音调的升高和降低。多普勒雷达就是利用这一效应，主动地对着空中的云、雨、雪不断地发射雷达波，而这些飘浮在空中的物质就相当于前面那辆汽车，雷达就是站在

原地不动的你，雷达波“打到”它们身上就会被反射回来，而这些反射波的频率就和那些变了调的声波一样也存在着频率差，这些频率差再通过数学运算与变换就能成为解读高空天气的“秘籍”。

多普勒雷达通过接收反射波得到一系列天气要素，再结合人工分析，就能掌握某一地区目前的天气状况并对未来的趋势做出研判。比如说正在下雨，多普勒雷达能在上百千米外探知这场雨的细节，有多细呢？比如雨滴之间的位置间距、雨滴的尺寸大小，甚至连某一个位置点雨下得大不大，多普勒雷达都能告诉你。

除了“看”得细，多普勒雷达的本事还多着呢！探测面积相比传统雷达大得多，单个站点覆盖半径超过400千米，只需要十分钟左右就能把这个范围内的天气情况全部探测一遍；高度纵深可分层探测，从1千米到100千米，多普勒雷达都能探测，通过雷达天线的不同俯仰角，可以对大气做分层的精细化解析。不难看出，这个高配版雷达是真的有两下子，看得远、看得全、看得细、看得快，大家下次在路上见到它可要好好认清哟！

双偏振雷达

多普勒雷达是向着某一个方向发射雷达波并接收回波的探测设备，双偏振雷达就是在此基础上额外又增加了一项功能，即在水平和垂直方向上交替发射雷达波并接收，用立体的“视角”来探测天气变化。

之前是能看哪里有云、哪里有雨、下得大不大、变化趋势如何，双偏振雷达的立体探测就更厉害了，雨滴是什么形状？雨云里面是不是“藏着”冰雹？正在酝酿中的降雪会形成什么样的雪花！这么高的监测要求只有目前最为先进的双偏振多普勒雷达才能办得到。

延伸阅读

雷达探测原理

气象雷达能够通过主动发射微波波段的雷达波“撞击”隐藏在大气中的各

种物质，当遇到阻挡时就会有雷达波被发射回来，通过雷达天线和接收系统把它们“抓取并记录”，再通过一些神奇的算法在错综复杂的回波中找到有价值的信息，那么气象雷达是如何在对天气进行探测时分辨雨、雪、云等不同要素的呢？

扫码探秘

大气中能够反射雷达波的物质主要是一些水汽凝结物，也就是通常我们说的云、雾、雨、雪等，看起来差不多的云，它们的结构不同，含水量不同，凝结物的组成比例不同，当雷达波分别撞上它们时所发生的反射、吸收等情况都是不一样的，雷达接收到的回波就具有不同的振动幅度、频率以及偏振度，这些数据通过科学家设计好的算法指导计算机完成处理，就形成了一份“大气探测报告”。

扫码探秘

气象应急移动观测系统

气象应急移动观测系统模型
车模尺寸：180 厘米 ×60 厘米 ×120 厘米
展示空间：长 220 厘米 宽 100 厘米 高 60 厘米
用电量：500 瓦
（电子说明牌 1 个）

展品介绍

气象应急移动观测系统是开展应急气象服务工作的重要平台，能够在突发事件后及时赶赴现场，开展气象要素的观测、传输，并利用移动天气会商系统开展气象预报和服务，为处置突发事件提供决策依据。

知识链接

尽管我们已经建设了相对完备的气象观测网络，但是对于随时随地可能出现的自然灾害，气象保障往往以被动应对的姿态被强行拉入“战局”，如何能在随后的抢险救灾步步紧逼的对决之中抢回主动权呢？这就需要一套具有完备观测能力、能够快速响应、具备信息传输，同时自身又有极强移动能力的气象应急系统，在这种需求之下气象应急观测系统加入了气象系统大家庭。

在国庆阅兵盛典现场、北京奥运会开幕式的会场外，以及种种自然灾害的救援现场，往往都能见到气象应急移动观测系统的身影。可能不少朋友见过它，白色底色的中型客车，印着醒目的蓝色气象标识，车顶上载着一个会动的“圆锅”，看起来和移动通信的移动基站车倒是有几分相似。

这套系统的特点很鲜明，自己“有车有房”，遇到突发事件，装备一收，车开起来就走，到达目的地立刻就能进入工作状态；设备高度小型化、自动化，别看一辆车不大，各种气象观测设备可是不少，采集数据之后还能立刻进行处理和传输，俨然一个移动指挥部；因为应对的都是突发事件，环境相对恶劣，对设备的稳定性要求尤其高，不能只是车到了却完不成观测任务。简单地说，作为一名合格的气象应急移动观测系统必须具备跑得快、测得准、传得稳、镇得住这几样本领。

在移动观测方面，通过装载不同的观测设备，可以获得常规的温度、湿度、风速、风向、气压、雨量气象六要素数据，如果加装了测雨雷达就能观测目标地区的降水情况，包括降水或云中水滴的浓度、分布、移动和演变情况，从而对该地区天气做出预判。除此之外，还可在观测车上装载测云雷达、测风雷达等设备，通过不同雷达与设备的组合，多辆观测车所构成的应急移动观测系统可以满足大多数情况的观测要求。

在车厢内部除搭载了完整的数据处理传输系统，有的应急移动车上还配备了会商系统，通过卫星或移动通信将观测数据快速传回各级气象部门，当地救援抢险现场通过会商系统能够快速获取外部信息与研判处置结果，实现前面我和大家说到的“掌握战役主动权”这一作战目的。

延伸阅读

兵法云“知己知彼，百战不殆”，和天气打交道就如同是一场人类与自然的博弈，尽管我们往往处于被动和弱势的地位，但是一旦我们掌握了足够的气象信息，就有机会“反败为胜”。

2008 年 8 月 8 日，北京奥运会开幕式前数小时，气象观测加密进行，各级人员集结到位，大家的目的只有一个，阻击雷雨，保证“鸟巢”的奥运开幕式正常进行。

16 时许，来自北京各地部署的应急移动观测车传回最新雷达回波图，降水云团面积正在增大，对流云活动旺盛，指挥组果断下达人工消减雨作业命令，随着一枚枚火箭弹升空，保卫“鸟巢”晴空的战斗打响。

17 时，“鸟巢”最新的气象信息显示，气温 33℃，相对湿度 55%，偏南风 2 ~ 3 米 / 秒，气压 999 百帕，气象预报员判断云层较低，雾气大。而在此时的北京上空，有不少小云泡形成并移动。

19 时许，来自应急移动观测车和各雷达站的回波图显示，北京西南部有较大云团形成，另有较小一块云在东北地区形成。人工消减雨作业相应地继续对其进行“歼灭”。

正当“鸟巢”奥运开幕式进行的过程中，形势却突然变得更加严峻了，大量云团自北京西南方不断推进过来，雨临城外。不要怕！我们已经掌握了强敌的一切信息与动态，一定可以把它们堵在城外。

沿着雷达回波图的“指引”，各路人员分别应对，自 21 时 35 分起至 22 时 40 分，经过 20 轮次的地面火箭大规模人工消减雨作业，雷达回波图上的大片云团被成功阻挡在了城区之外。

23 时 30 分，作业结束，北京气象部门发射火箭弹总计 1104 枚，雷雨再无机会影响“鸟巢”。此后不久就是铭记在无数国人脑海中的自豪经典，李宁手持火炬在空中大步流星，点燃第 29 届北京奥运会圣火。

升空热气球

展品介绍

升空热气球（带您漫步云端）是世博气象馆的第一个展区，主题是“拥抱自然”。游客搭载的升空平台外部是一个热气球。内部则光影斑斓、风云变幻，逼真地拟现了从零海拔起飞、缓慢升空、上下迂回的奇特旅程，各位来宾将身临其境地感受高空俯瞰自然胜景和云海起伏的超凡体验。可爱的吉祥物——云宝宝“蓝蓝”和“朵朵”，还将从这里开始，为您担任全程的向导。

知识链接

气球就能飞干嘛还非要热的?

鼓足腮帮子，呼地吹上一口气，再手指一转打个结，一个圆鼓鼓的气球就“制造”出来了。

能飞吗?

这还不简单，只要一阵风，便能潇洒洒兮御风而翔矣!

人家飞起来的那是氢气球!

是啊!我自己吹出来的也很轻啊!不过好像没风确实飞不起来。

氢气球能飞的关键在于空气是有重量的，而相同体积的氢气比空气要轻得多，就如同漂浮在水里的空瓶子一样，氢气球被空气“托着”飞起来。

热气球则完全不同了，是通过燃烧燃料来加热空气，并通过巨大的球囊尽可能多地把这些被加热后的空气汇聚起来，从而产生足够的升力将热气球、吊篮、搭乘人员以及配套设备运送到空中去。

依靠空气能产生多大的升力?人员和木制吊篮加起来的重量少则上百千克，热气球是不是还有其他辅助飞行装置呀!

不相信?那我们就来简单计算一下热气球借助加热空气能够产生的升力，

以目前常见的标准AX-7级热气球为例，它的球囊充满气体后的体积为2180立方米，温度为15℃处在海平面高度的1立方米空气的质量大约是1.293千克，把它俩乘起来看看，一个球囊里的空气质量竟然达到了2670千克，比两吨半还多！再小的数字乘上一个大系数后也会变得相当可观，同学们在日常学习中千万不要放过每个不起眼的小“瑕疵”与成功，如同生活中的“见微知著”和“不积跬步何来千里”的道理一般。

下面我们就点火，当热气球下方的燃烧器点燃所携带的燃料后，整个球囊内的气体逐渐被加热到100℃（受热膨胀后多余气体从热气球球囊底部开口排出），此时同样为2180立方米的热空气，密度降低为每立方米0.95千克，总质量变为2070千克，比加热前足足轻了600千克，如此可观的质量差足够为乘客与设备提供升力了。

升空后的热气球可以通过控制燃烧器的燃烧程度，来控制球囊中气体的温度，从而掌控热气球是升高还是下降。

那往哪儿飞呢？

这就和前面说的氢气球差不多了，怎么飞，往哪儿飞就都看风怎么刮。所以为了飞行安全，一般都会选择日出后和日落前一两个小时内升空，此时的低空气流相对稳定。

延伸阅读

探空气球

还有一种气球，和热气球不一样，我们希望它飞得越高越好，使用时的限制越少越好，最好是随时都可以放飞，至于它怎么降落的问题干脆不去考虑，这就是在气象领域经常使用的探空气球。

没有复杂的结构，没有配套吊篮，更不需要对充入的气体加热，简单的准备和充入氢/氦气后，就可以携带着不同的探空设备进行放飞，天气条件对放飞的限制也相对小很多。简单来说，探空气球具有放得容易、飞得高、自动落的三大“本领”。

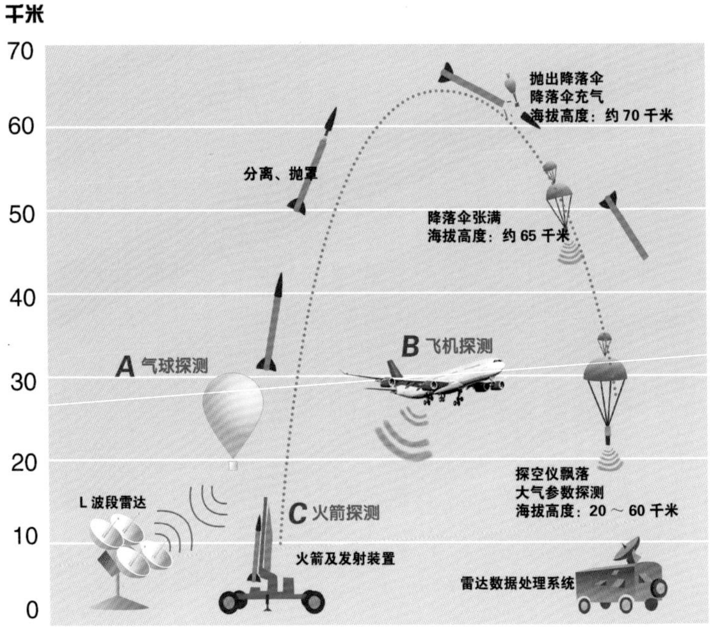

探空气球在放飞时最大的难点可能就是充气了，因为填充的氢气具有和空气混合后爆炸的风险，所以在充气过程中要保证氢气的纯度，一旦完成这一步，即便是在相对恶劣的气象条件下，只要满足人员的安全就可以对探空气球进行放飞，比起其他人类飞行器可谓相当“皮实”。

扫码探秘

目前，探空气球能够到达的最大高度在 40 千米左右。可别小瞧这个高度，可不是轻易能够达到的，因为 30 千米高度的空气就极为稀薄了，被称为“太空的边界”，除了少数特殊型号的专用飞机，绝大多数航空器都是望着这个高度而无法企及的。探空气球从海平面位置起飞开始，空中的温度、湿度、风速、风向、气压等关键气象参数就被一一记录下来，而探空气球本身也经历着温度、气压等复杂环境变化的考验！

在到达最高升限后，探空气球会自动落下，这倒不是因为采取了什么黑科技，而是受到气压大幅度降低从而导致气球膨胀的影响，最终探空气球都会在最高点爆炸，并最终落回地面。不用担心仪器的安全，都会提前做好防撞措施，并且搭配卫星定位设备，以便工作人员完成设备回收和数据的获取。

外投球幕展示系统

展品介绍

外投球幕展示系统通过动画和图像等表现方式，展示有关地球、卫星、行星、地震、海洋、大气、太阳等内容，让观众不必去太空，就可以像太空人一样看地球，包括它的地形、水文和大气的样貌，甚至是最近一个月以来的全球海洋、大气的变化及地震的发生等，还可以把太空探测到其他星球的影像拉近到眼前。另外它还可以根据需要表现用户想要表现的其他内容。

小球大世界

展品介绍

多媒体投影展示，在球形屏幕上展现全球的气象数据图形图像。在一个直径 1.74 米的碳纤维材质的球体上，利用计算机控制四路投影仪的影像，进行无缝组合，将全球卫星云图或其他信息数据全景呈现。球体虽小，但它所承载和投射出的内容，是整个星球大世界的缩影。人们可以像太空人一样看地球，包括它的地形、水文和大气的样貌。甚至可以把太空探测到的其他星球也尽收眼底。系统资讯包括大气、陆地、海洋、天文等科学领域。针对有较大影响的气象事件，如登陆台风、干旱洪涝、沙尘暴等公众比较感兴趣的话题，结合实时气象资料传送，气象专家可以亲临现场给观众做专题讲解。

需要说明的是，这个展项从技术原理上与“外投球幕展示系统”是一致的，只不过“小球大世界”展品是美国海洋与大气管理局（NOAA）研发的产品，而“外投球幕展示系统”是我国自行开发的产品，投影技术、融合技术包括视频资料都是我们自行研发的。

知识链接

外投球幕投影融合技术

“神奇的水晶球哟！快快告诉我，现在地球向阳面的云是如何运动的？太平洋上空的雨下得怎么样了？”

这是标准的“动态地球大气活动”调用咒语，有了它你就能在气象科技馆里看到全世界任何一个地方的天气情况啦！

“同学，你先别对着这个球自言自语了，投影仪开机后需要预热一会儿，等下就能看到地球了”

……

好的，现在你们都知道神奇的“动态地球大气活动”是通过投影技术实现的，下次来参观时可不要再四处寻找让“地球”转起来的机关了。

以往的投影仪都需要一张平整的屏幕来接收光学影像，现在不同了，在球体这样的曲面之上也可以实现投影，比如借助四台投影仪和定向发声音箱系统搭建起来的这个展品，每台投影仪分别完成四分之一球面的画面投影，利用图像边缘融合算法，将每两个相邻的画面进行拼接，对于衔接不够“紧凑”而“穿帮”的部分再进行剔除和矫正，从而完成一个360度立体角的完整球体影像。

这就有点像是我们吃橘子时剥皮的过程，只不过要把它反过来放，比较大的区别在于剥下来的每一瓣橘子皮是两角尖尖的船型，投影仪镜头的投影却是方形的。这就是图像融合技术的核心部分了，每部投影仪提供一个竖着的长方形画面，分别构成橘子皮的“四瓣”，只不过四个长方形拼成的球体势必会多出很多“边角料”，图像处理算法这时就会主动剪掉或者剔除这些重叠的区域，但是因为球形相比平面会造成图像的拉伸与形变，这时再加以形状的矫正，最终就呈现出一个比例适当、清晰逼真的地球了。

那它怎么还在转呢？连上面的云也跟着动！

实际上展示出来的球体是通过钢丝悬挂起来并固定住的，并不会旋转，不然就不安全了。而通过对所投影内容的提前加工，就能实现画面的运动了，也就是说球一直在那没有动，是影像画面自己在动，由于太过清晰逼真，给观众一种球在动的“错觉”。

来！再和我重复一遍开头的“水晶球咒语”吧。

延伸阅读

卫星遥感应用

技术手段和设备有了，下面就是内容素材的问题，大家看到的这些绚丽地球动态画面是从何而来的呢？

认为是电脑动画特效制作的同学可以先去面壁了。

这些素材都来自卫星，确切地说是源自卫星遥感技术在气象观测上的应用，那么什么是卫星遥感技术呢？

“遥感”字面上来看就是远远地感知的意思，当人类第一次进入太空并完成对地球的回望，我们首次清楚地看到全球的真实样貌，随着技术手段的不断发展，遥感也从可见光波段的拍照拓宽到红外、微波等波段。从此人类对地球的探索仿佛开启了倍速模式，更宽的波段范围使我们能够看到肉眼无法察觉的信息，这些信息在气象、农业、经济等人类活动甚至是对自然灾害等突发事件的决策上发挥着极为关键的作用。

在气象领域，卫星遥感技术能够提供高频率、全覆盖、高精度的气象信息，对包括降水、云雾、大气气溶胶、海面海冰、凌汛、台风以及地面上的干旱、沙尘暴、火灾等天气和气候变化进行实时连续观测。此外，在生态气象绿色发展方面，卫星遥感能将地面生态热度、大气浑浊度、生态绿度等关键指标集中连续地展示出来，从而助力人们客观、定量的评价区域生态环境质量。

在其他方面的应用也非常多，比如见证一座城市在若干年内的变化情况，观测农田、森林、草场、沙漠的生态动向，查看数千平方千米海域海水中盐的含量，一片大陆的土壤中所含水分，监视火场着火点的位置、数量、大小以及火势迁移的方向，甚至是外卖小哥用的高效准确的导航地图，卫星遥感技术已经融入人们的生活中，成为现代社会不可或缺的一项关键技术应用。

中国科技馆气象站

展品介绍

利用室外露台区域展示气象站的观测及其原理、实时数据展示。气象站是指为了取得气象资料而建成的观测站，一般设有气压计、温度计、雨量计、风速计、风向标、湿度计等被动式感应仪器，用来量度各种气象要素，部分气象站还有地表及不同深度的土壤温度的观测。本展项利用室外露台部分展示百叶箱、温湿计、光照仪、可吸入颗粒测试仪、雨量计、风速风向仪等。观众通过窗口观看气象站的仪器设备，并可在室内接入的终端实时观看当时的气象资料，通过旁边的展示说明牌及多媒体了解这些仪器的工作原理。

知识链接

以前，我们的气象观测需要借助传统的仪器设备来获取各项数值，又是百叶箱又是量筒状的雨量计，还有高高的风速风向标。那自动气象站可怎么办，“瘦瘦小小”的躯干里怕是塞不下这么多测量设备，没有关系！

测量温度不用温度计，而是通过一种名叫铂电阻的器件来完成。电阻太常见了，很多电器里到处都是，电灯、电话、电视机，就连电动牙刷里面也有，还没听说能测温度的，那下次发烧时在腋下夹一个电动牙刷是不是就知道体温了。

此电阻非彼电阻啊！铂电阻比较特殊，它有个特点，当外界温度变化时它自身的阻值就会相应地改变，这可真是个好！假设气温20℃时阻值为100欧姆，我们拿小本本记下来，然后气温升高5℃，阻值也变了，是110欧姆了，好，又记下来，温度升高到30℃了，阻值果不其然也变化了，达到了120欧姆。有了这几组数据，如果需要测量温度，只需要知道铂电阻的阻值就行了，因为所对应的温度我们已经都掌握了。自动气象站就是通过这个方法快速、准确地获取当时当地的温度信息的，并且还有一个优势，那就是阻值对应一个电信号，可以直接进入信息与网络，更加便于传输和存储。

不过！想要精确地获取温度，还要经过大量的测试，选取稳定优质的材料，对应地还要求电路部分的误差小、抗干扰能力强、长时稳态的能力强，如此才能放心地把观测任务完全交给自动气象站。

湿度的自动测量方法类似，只不过用到的关键器件是湿度感应电容，又称湿敏电容。其原理也不复杂，这种电容对空气中的水分很敏感，湿度变化时其自身的电容值跟着也改变，那么与上一个湿度状态相比在电路中所产生的电信号就会产生差值，这个差就会被电路中的处理中枢准确识别出来，并最终告诉我们这里的湿度信息。

其他的如降水量、空气颗粒物的测量以及风速风向等气象要素，自动气象站都通过现代科技的集成，最终找到了更好、更简单、更快捷的解决方法。

延伸阅读

有点复杂的风速风向自动测量，这里借用了现代光电技术和二进制计数。

我们先来看风向标，像是一支放大了箭头和尾羽的箭矢，在它的中间通过一根连接杆与下方的传感器等机构相连接。当风吹来使风向标发生摆动之后，其下方连接的发光机构会产生一系列的光信号，而在距离发光机构很近的地方，有一个被称作格雷码盘的特殊机构，在它的上面有的部分区域透光，而剩余的部分则是完全不透光的，两者分别对应二进制信号的0和1。

这就有点像是古代在大海上行船时，两艘船彼此通过灯光打灯语，风向标将风的信息一五一十地传给光电机构，格雷码盘则将这些信号转变为间断的脉冲信号，最终信号被转换为0和1不同排列组合的数字串，每一串数字对应不同的风向与风速，一旦有了电信号就简单了，剩下的事情就交给计算机来完成吧。

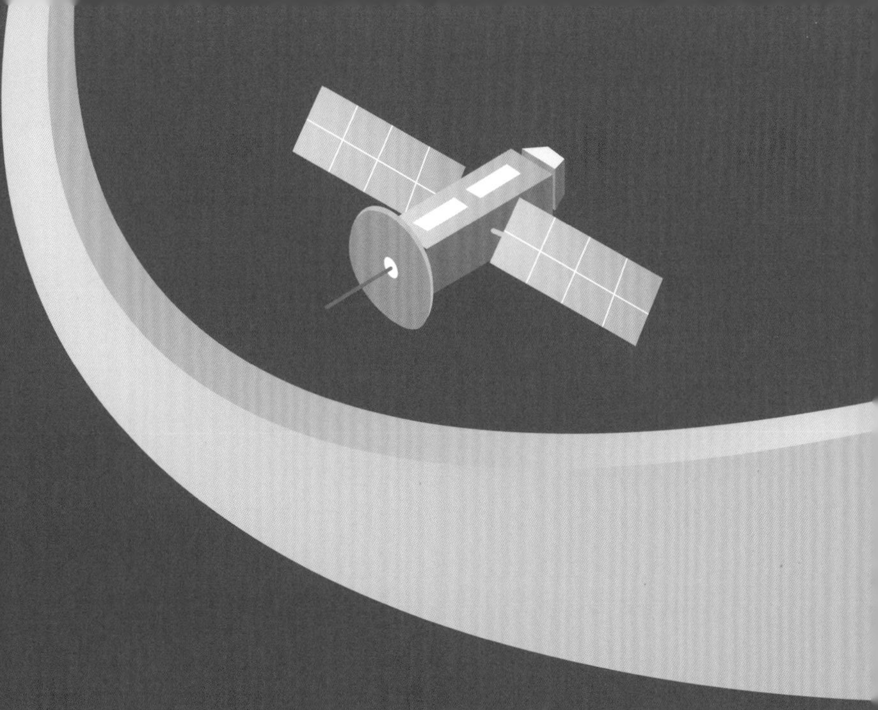

防灾减灾 »»

天气预报怎样来

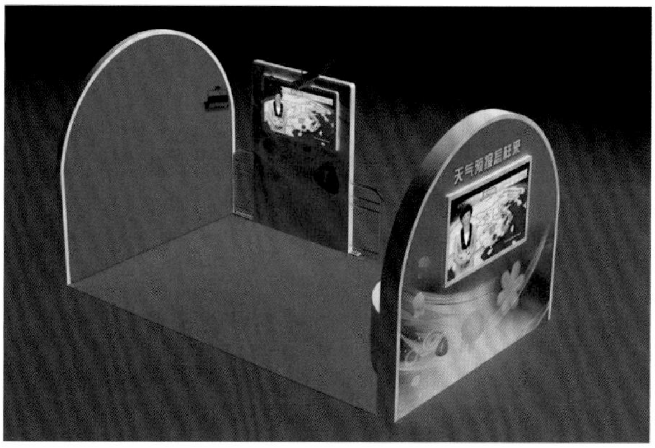

展品介绍

本展项一部分采用多媒体动画形式表达天气预报的制作过程，另一部分则采用电视抠像技术让观众亲自参与体验电视气象主持人的播报，参与体验气象先生或气象小姐制作天气预报的过程。

AR 增强现实互动天气预报播报

展品介绍

通过 AR 增强现实手段，让观众与宋英杰、杨丹等著名气象主持人一同体验天气播报。

知识链接

天气预报是怎样做出的

天气预报制作发布流程，包括气象观测、数据收集与数值预报、综合分析、预报会商和预报产品发布五个环节。

气象观测：每天同一时间，全国各地的气象观测站将地面观测得到的温度、湿度、压力、风向、风速等气象要素数据发送到国家气象中心，结合高空探测网获得的观测数据、气象雷达与气象卫星观测数据，为制作天气预报提供“原材料”。

数据收集、数值预报：观测数据迅速通过高速计算机通信网络传递汇集，对这些观测数据进行处理，得到反映全国天气实况的特制地图——天气图等各类图表，供预报员进行分析使用。此外，将某一时刻的观测数据作为初值输入高性能计算机，对描写大气运动的数学物理方程组进行数值求解，得到未来大气运动的定量预报，如地面气压场、降水量分布、温度场等。

综合分析：天气预报员通过分析天气图和国内外数值预报产品，研究各类天气图表，结合气象卫星、雷达探测资料，进行综合分析、判断后，做出未来不同时间段的具体天气预报。

扫码探秘

预报会商：做出天气预报的最后一个关键步骤。由于影响天气的原因很多，很复杂，预报员需要集思广益，进行讨论，像医生给病人会诊一样，在天气会商时，所有预报员充分发表自己的意见，主班预报员对预报意见汇总后，经过综合分析，然后对未来天气的发展变化做出最终的预报结论。

扫码探秘

预报产品发布：天气预报结论做出后，制作成不同形式的预报产品，通过广播、电视、报纸、互联网站以及手机短信、APP、96121电话、信息显示屏等媒体向公众发布，这就是大家收看收听到的天气预报了。

延伸阅读

电视天气预报“抠像”技术

抠像技术是一种从单色背景的图像中精确地分离出前景目标，再与其他图像合成，从而得到所需特殊效果的技术。

最早的抠像技术应用于电视节目中的天气预报，天气预报播放时，主持人站在地图前面，用手指着地图上某一片区域，讲述未来一段时间的天气情况。实际上，录制现场主持人背后其实并没有任何地图，而是一块绿色的幕布。摄像机拍摄下来的，就是主持人和后面的绿底，使用抠像技术将绿色变为透明，把主持人影像剪辑下来，叠加在天气预报图像上。

台风的生成

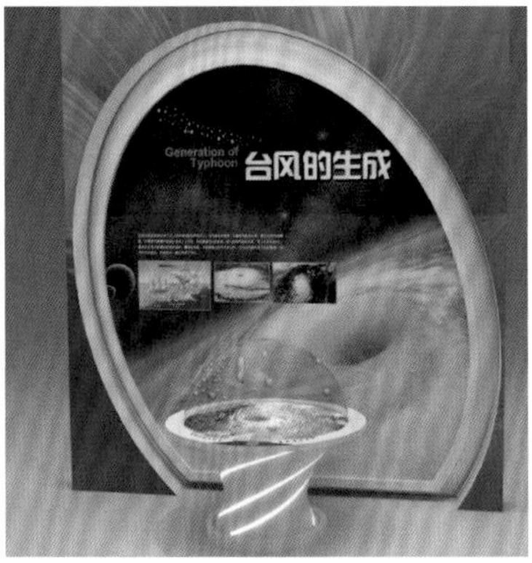

展品介绍

本展项由展台、纯净水和半圆形透明亚克力罩组成，通过电极板加热的过程使纯净水温度上升产生汽化，同时由于升温汽化后的云雾自然比空气轻而产生水平面上流。展项表述云是由无数微小水滴聚集而成，热带气旋正是由云和风形成的巨型旋转系统，它的基本能量来源是高空中水汽冷凝时汽化热的释放。通过演示液态雨滴的形成过程使观众认识到台风生成的基本原理。

台风眼的形成

展品介绍

台风眼的产生是由于台风内风是逆时针方向吹动，使中心空气发生旋转，而旋转时所发生的离心力，与向中心旋转吹入的风力互相平衡抵消而成，形成台风中心数十千米范围内的无风现象，同时因为有空气下沉增温，导致云消雨散而形成台风眼。本展项由展台内置的干冰机形成云雾，并在中央内部放置左旋风扇。通过风扇旋转带动云雾转动，在中心点区域形成云雾墙和风眼，由此了解台风眼形成的过程。

台风的一生

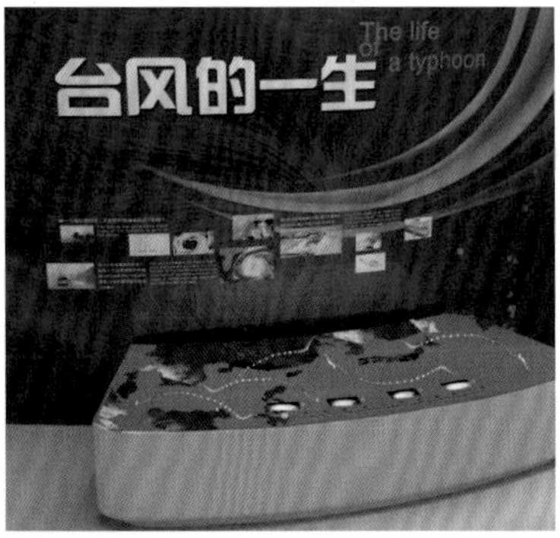

展品介绍

本展项在台面上做中国沿海区域陆地一直到菲律宾以东洋面的地图模型。台面边缘有一条滑轨（分段表现台风形成到消亡的过程）在每一个相应的阶段给出固定的条件，观众通过选择相应的条件，顶部的投影机配合台面的地图显示出台风在相应阶段的变化。观众通过可控制的投影步骤，深入了解台风从起源到消亡的一系列成因和变化等相关知识。

知识链接

台风的生成

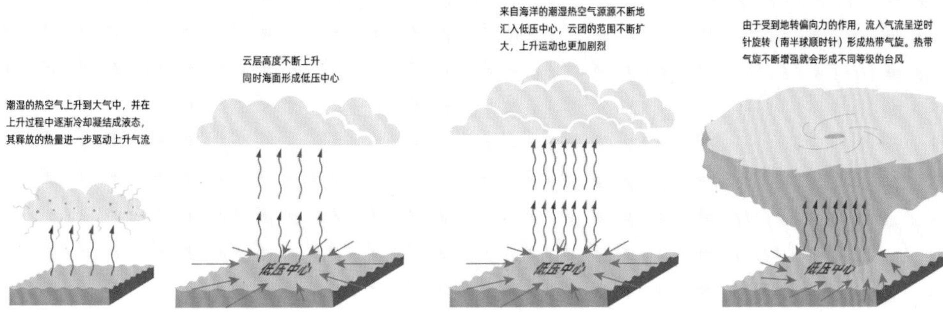

潮湿的热空气上升到大气中，并在
上升过程中逐渐冷却凝结成液态，
其释放的热量进一步驱动上升气流
云层高度不断上升
同时海面形成低压中心
低压中心
来自海洋的潮湿热空气源源不断地
汇入低压中心，云团的范围不断扩
大，上升运动也更加剧烈
低压中心
由于受到地转偏向力的作用，流入气流呈逆时
针旋转（南半球顺时针）形成热带气旋。热带
气旋不断增强就会形成不同等级的台风
低压中心

台风的生成

台风眼的形成

如果从水平方向把台风切开，可以看到有明显不同的三个区域，从中心向外依次为：台风眼区、云墙区、螺旋雨带区。

台风眼区由于有下沉气流，通常是云淡风轻的好天气。

台风眼避（云墙）有强烈的上升气流，云墙下经常出现狂风暴雨，这是台风内天气最恶劣的区域。

台风的一生

台风的生命史平均为一周左右，短的只有2～3天，最长的可达1个月左右。一般包括孕育阶段、不断增强到取得名字、吸收能量达到顶峰、接触陆地强度衰减、受到地面摩擦和能量供应不足而消亡阶段。

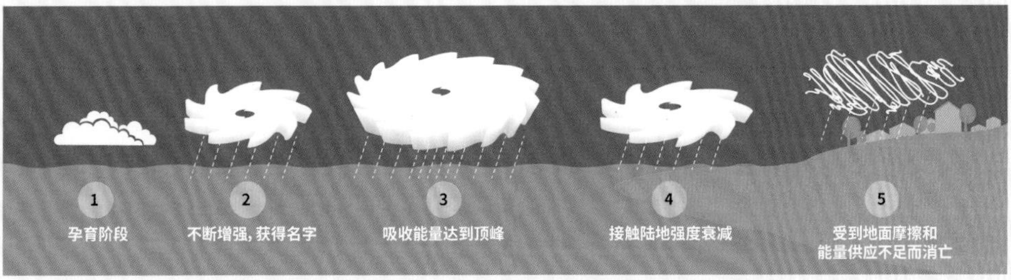

台风的一生

台风消亡路径有两个：台风登陆陆地后，受到地面摩擦和能量供应不足的共同影响，会迅速减弱消亡，消亡之后的残留云系可以给某地带来长时间强降雨；台风在东海北部转向，登陆韩国或穿过朝鲜海峡之后，在日本海变性为温带气旋，之后逐渐消亡，消亡速度较慢。

扫码探秘

延伸阅读

台风的命名

我国采用的台风命名方法是由亚太经社理事会/世界气象组织（ESCAP/WMO）台风委员会事先制定一个命名表，从2000年1月1日起开始，按顺序年复一年地循环使用。

命名表共有140个名称，分别由台风委员会的14个成员（柬埔寨、中国、朝鲜、中国香港、日本、老挝、中国澳门、马来西亚、密克罗尼西亚、菲律宾、韩国、泰国、美国和越南）提供，每个成员提出10个名称。

台风的命名多用“温柔”的名字，以期待台风带来的伤害能小些，但是ESCAP/WMO台风委员会有一个规定，一旦某个台风对生命财产造成了特别大的损失或人员伤亡而声名狼藉，或者是以名称本身因素而退役的，那么它就会永久占有这个名字，该名字就会从命名表中删除，其他台风不再使用这一名称，也就是将这个名称永远命名给这个台风，这就是除名。

龙卷

展品介绍

利用水雾器、风扇等装置，制造小型龙卷，并观察龙卷的形状。

知识链接

龙卷的形成

龙卷的形成与强雷暴云中强烈的升降气流有关。当升降气流之间形成很强切变时，就会发生强烈的水平轴的涡旋。涡旋越转越细越快，产生一个漩涡形的上升气流，并开始向下伸展，形成龙卷核心。当向下发展的涡旋到达地面高度时，地面气压急剧下降，风速急剧上升，形成了完整的龙卷。龙卷中心为下沉气流，四壁为极强的上升气流。

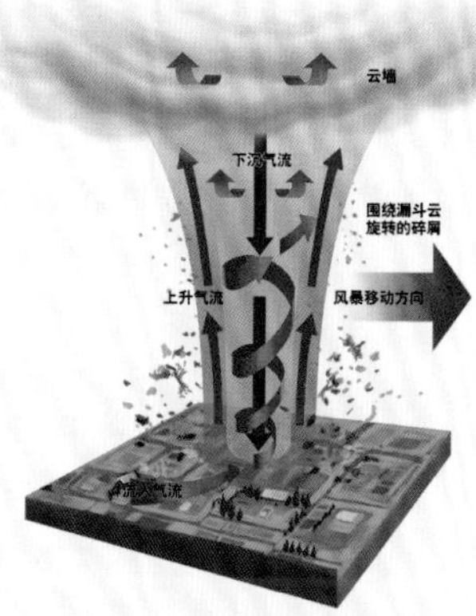

龙卷示意图

延伸阅读

龙卷的监测和预报

由于龙卷属于小尺度系统，发生时间短、影响剧烈、仪器监测和开展预测仍存在困难。目前还需要进一步建设中小尺度灾害性天气监测、预警系统，提高多普勒雷达的监测能力和反演龙卷的能力，引进和开发数值模式提高数值预报精度，做好龙卷的精细监测和准确预测，达到减灾之目的是可能的。

扫码探秘

水龙卷

可以简单地定义为“水上的龙卷”，通常意思是在水上的非超级单体龙卷。它还有不少的别名，如“龙吸水”“龙摆尾”“倒挂龙”等。龙卷在水面上就是龙吸水，在陆地上就是普通的龙卷。龙卷就是空气的流动，空气是看不到的。龙卷中心气压低，有吸引力，吸引灰尘、水汽等其他杂物。由于重力，液态水不可能长时间在天上，龙吸水过后，吸到天上的水就会落下来，形成强降水，所以说所谓龙吸水就是龙卷。

扫码探秘

扫码探秘

尘卷风

尘卷风是近地面气层中产生的一种尺度很小的旋风，可以把尘土和一些细小物体卷扬到空中，形成一个小尘柱。尘卷风的形成是地面受热不均匀使有些特定地点地温会高于周边，加热地表附近空气，引发局地暖空气上升，暖空气在上升过程中旋转。由于地转偏向力作用，我国尘卷风较大概率是逆时针旋转。当然，由于尘卷风范围很小，地转偏向力作用并不强，因此我国也可以发生顺时针旋转的尘卷风。街角、角落、楼群这些特殊地形也可能导致原本正常的风激烈旋转起来。

气象灾害预警信号互动游戏墙

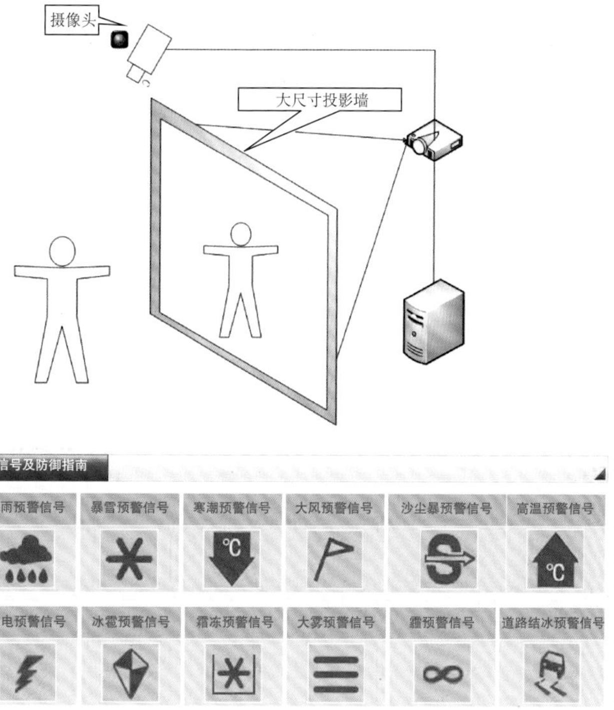

互动游戏墙原理与游戏内容图标（上：原理；下：图标）

展品介绍

2009年中国气象科技展厅改造时，由于原虚拟现实演示厅空间较小，环境效果较差，经反复论证，将原有大屏幕改造为互动游戏墙。气象部门建立气象灾害预警信号体系，把具体防灾行动与各种信号一一对应，从而给人们以清晰的防灾指引，这是一个非常科学有效的措施。利用互动游戏墙的方式让参观者通过参与的方式更好地了解和学习气象灾害图标的相关知识。

利用展厅原有的立体环幕投影位置，通过修缮、更换老化的投影机，把原展项改造为大屏幕投影互动游戏墙，游戏通过摄像头即时记录参观者动作与墙面掉下的虚拟标识结合，人体影像触碰投影机打到墙面的虚拟标识，标识会根据动作做出反应。

知识链接

在第一时间及时准确发布气象灾害预警信息，是防范各类突发气象灾害的首要环节，也是有效减轻气象灾害损失的关键措施。

气象灾害预警信号由名称、图标、标准和防御指南组成，分为台风、暴雨、暴雪、寒潮、大风、沙尘暴、高温、干旱、雷电、冰雹、霜冻、大雾、霾、道路结冰 14 种。

预警信号的级别依据气象灾害可能造成的危害程度、紧急程度和发展态势一般划分为四级：Ⅳ级（一般）、Ⅲ级（较重）、Ⅱ级（严重）、Ⅰ级（特别严重），依次用蓝色、黄色、橙色和红色表示，同时以中英文标识。

预警信号实行统一发布制度。各级气象主管机构所属的气象台站按照发布权限、业务流程及时发布预警信号，并指明气象灾害预警的区域，还需根据天气变化情况，及时更新或者解除预警信号，同时通报本级人民政府及有关部门、防灾减灾机构。当同时出现或者预报可能出现多种气象灾害时，可以按照相对应的标准同时发布多种预警信号。其他任何组织或者个人不得向社会发布预警信号。

延伸阅读

湖南古丈“7·17”暴雨引发重大地质灾害 及时预警避免重大群死群伤事件

2016年7月17日，湘西土家族苗族自治州古丈县普降暴雨，10—11时，湖南省气象局向古丈县分别发出暴雨橙色、红色预警。10时50分，古丈县国土资源局接到湘西州国土资源局发送的地质灾害气象红色预警，及时通知默戎镇龙鼻村地质灾害群测群防员（同时也是气象信息员）进行巡查；11时15分，群测群防员在巡查中发现山体异响、坡面掉块、坡底渗冒浑水现象，并将此情立即报告默戎镇政府和国土资源所；国土资源所立即向上级报告，同时紧急赶赴现场，接到政府启动应急预案指令后，采取果断措施组织可能受威胁的500余人安全撤离，12时07分，在最后一名村民被撤离约15分钟，强大的泥石流顺沟而下，虽然造成重大经济和财产损失，但避免了重大群死群伤事件出现。

防雷避险简单做

展品介绍

多媒体互动展品，让观众学习防雷避险的常识。展项设置成一个小型体验空间，在一面墙上有投影画面，当雷电发生时，参与者可选择自己认为正确的避险做法。选择正确时给出鼓励的声音和画面，选择错误时给出警告性的画面，并提示正确的做法。

知识链接

雷电

雷电是伴有闪电和雷鸣的一种雄伟壮观而又令人生畏的大气放电现象。雷电一般产生于对流发展旺盛的积雨云中，因此，常伴有强烈的阵风和暴雨，有时还伴有冰雹和龙卷。

扫码探秘

雷电的危害

★火灾和爆炸

直击雷放电的高压和高热可直接引起火灾和爆炸，破坏电气设备的绝缘等引起间接火灾和爆炸。

★触电

雷电对人体直接放电或雷击后未散去的电力、雷电流产生等使人触电，电气设备绝缘因雷击而损坏也可使人遭到电击。

★设备和设施毁坏

雷击产生的高电压、大电流伴随的汽化力、静电力、电磁力可毁坏重要电气装置和建筑物及其他设施。

★大规模停电

电力设备或电力线路被雷电破坏后导致大规模停电。

延伸阅读

哪些地方易遭雷击

1. 缺少避雷装置或避雷装置不合格的高大建筑物、储罐等。
2. 没有良好接地的金属屋顶。
3. 潮湿或空旷地区的建筑物、树木等。
4. 建筑物上有天线而又没有避雷装置和没有良好接地的地方。

防雷避险锦囊妙计

做到“室内三不宜”“室外六不宜”。

室内三不宜

不宜敞开门窗

不宜使用淋浴冲凉
或触摸金属管道

不宜靠近建筑物外墙、
电气设备以及使用电器

室外六不宜

不宜进入临时性的棚屋、岗亭等无防雷装置的建筑物内

不宜躲在大树底下避雨

不宜在旷野打雨伞，扛钓鱼竿、高尔夫球棍、旗杆、羽毛球拍等物体

不宜在水面或水陆交界处作业

不宜进行户外球类运动

不宜停留在建筑物顶上

人工增雨互动游戏

展品介绍

采用先进的计算机编程技术和游戏模拟器营造一种动感的交互体验，系统在屏幕上产生人工增雨的动态影像，游戏者站在操作台前用游戏模拟器指挥影像中火箭弹移动和发射打中目标后，即可演示下雨的场景。人工增雨互动游戏带给观众一种全新的互动体验，寓教于乐，既使参观者体验到游戏的乐趣，又能增加人工增雨方面的知识。

人工影响天气知多少

展品介绍

这是中国气象科技展厅2015年新增的大型展项，较全面地展示了人工影响天气发展历程、发展成就、基本原理等内容，分3个子展项：人工影响天气探测装备技术、人工影响天气作用原理及设备、人工影响天气发展历程。

知识链接

人工增雨

在云降水过程中的某些环节和有效范围内施放适用的催化剂，充分借助自然规律，因势利导，促使云、降水按预定方向加速发展，达到增雨的目的。目前我国开展的人工增雨作业，主要是利用含碘化银的冷云催化剂对层状云进行播撒作业，利用吸湿性催化剂对暖云进行催化以达到增雨的目的。

人工影响天气

用人为手段使天气现象朝着人们预定的方向转化，如人工降水、人工防雹、人工消雾等。人类活动无意识地使天气发生变化，如都市对天气的作用等，不属于人工影响天气而称为人类对天气的无意识影响。一般来说，人工影响天气是指为避免或者减轻气象灾害、合理利用气候资源，在适当条件下通过人工干预的方式对局部大气的云物理过程进行影响，实现增雨（雪）、防雹、消雾、消云等目的的活动。

扫码探秘

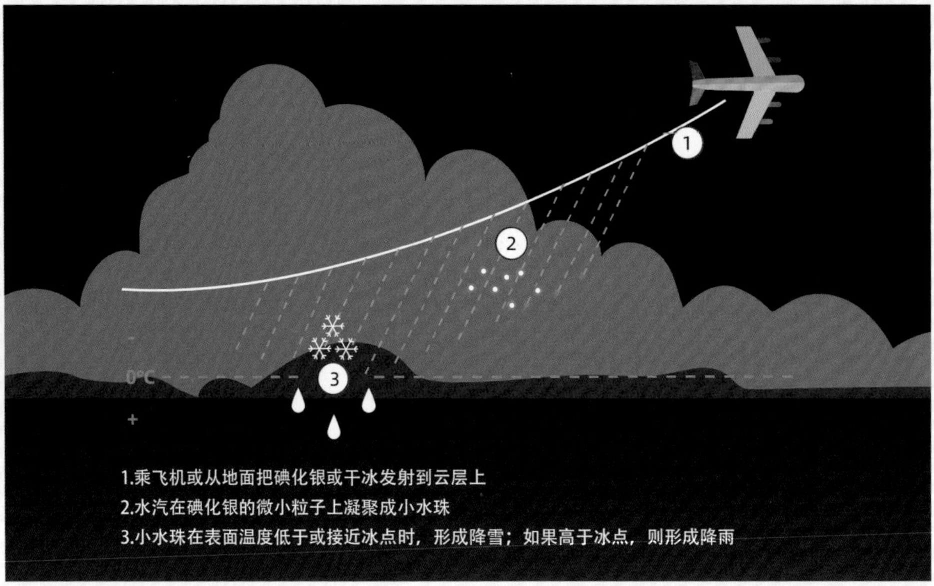

1
2
3
0°C
+
1.乘飞机或从地面把碘化银或干冰发射到云层上
2.水汽在碘化银的微小粒子上凝聚成小水珠
3.小水珠在表面温度低于或接近冰点时，形成降雪；如果高于冰点，则形成降雨

人工影响天气的作业条件

人工增雨（雪）并不是想下就能下，它的实施需要一定的前提，即必须要有适合增雨（雪）的云系。当天气系统临近时，利用卫星、雷达等对云系进行跟踪监测，当符合增雨（雪）条件时，才能开展人工影响天气作业，否则只能“巧妇难为无米之炊”了。此外，实施作业的规模、频次也与天气和云降水实际情况以及已有作业能力紧密相关。

扫码探秘

催化剂

“催化剂”一词是我们借鉴化学领域的专用名词，其真实的含义是“人工影响天气过程中，为改变云（雾）微结构与演变过程，向云（雾）中播撒的催化物质”。我们在人工影响天气的实践中选用催化剂一般考虑有效、经济、不污染环境、容易播撒、安全无毒害等特点。

碘化银是人工增雨作业中常用的一种成冰剂，将碘化银播撒到云中合适部位，即成为人工冰核，这些冰核吸附周围的水分形成冰晶。冰晶可通过冰水转化效率较高的蒸—凝过程，在混合云中直接长成雪晶，雪晶在下落过程中可通过与过冷云滴碰冻结凇增长，与其他冰晶碰连、聚集增长，并可在暖区融化，再经重力碰并进一步形成较大的雨滴。

延伸阅读

人工增雨典型案例

在三江源生态保护与建设工程中，气象部门开展的人工增雨工程对恢复三江源生态起到了积极重要的作用。气象部门从2006年开始，在三江源55万平方千米的范围内实施飞机、火箭、高炮、地面燃烧炉和焰弹等多样化的人工增雨作业。在开发三江源地区空中水资源、增加地表径流、提高湖泊水位、扩大湿地面积和改善植被环境方面发挥了积极、有效的作用，三江源自然保护区生态环境总体趋向良性的发展态势，三江源地区再次呈现出“水草丰美、草长莺飞”的美好景象。

今夜鸟巢无雨（奥运人工消雨案例）

人工消雨案例—— 2008 年北京奥运会气象保障工作

2008 年北京奥运会开幕日当天，北京及周边地区出现了较强对流云团，尤其是西南和东北两个方向云体发展旺盛，并且向北京城区形成“合围”之势，给国家体育场内开幕式活动的顺利进行带来了极大威胁。根据天气实况，北京市有针对性地组织实施了大规模地面火箭人工消减雨作业，在北京的西北角打开了一片晴空，为奥运会开幕式的顺利进行提供了保障。

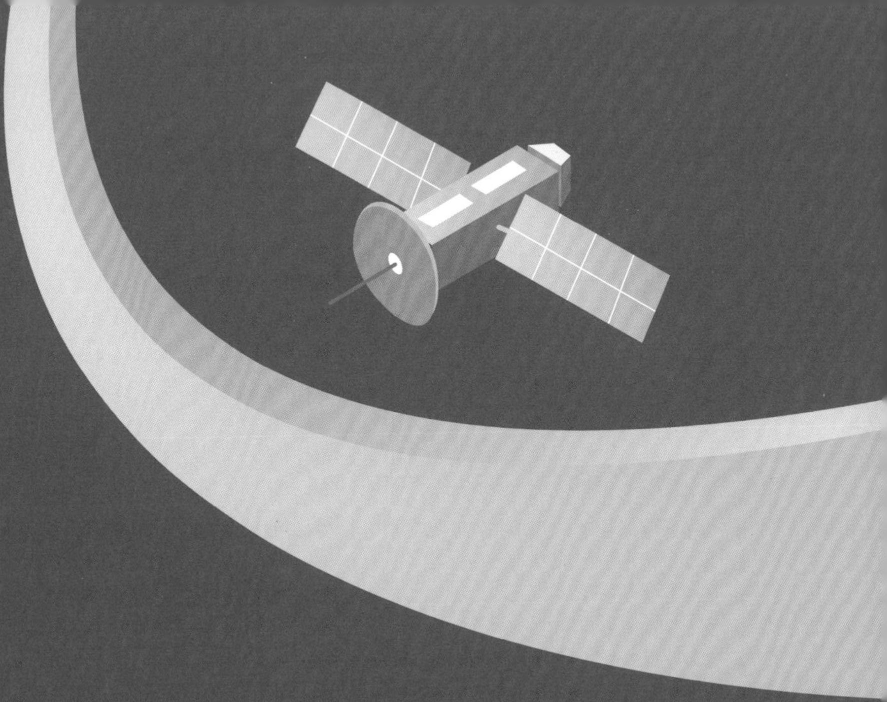

气候变化 》》

全球变暖

展品介绍

转动温度拨盘逐渐从冰点提升气温，从4个圆形窗口观察适宜的温度带给地球的益处——广阔的海洋、土壤肥沃的陆地、多样化的动植物和繁荣发展的人类；继续升高气温观察气候变暖带来的不良后果——海平面上升威胁沿海城市、土壤沙化、动植物灭绝、人类健康受到威胁；而温度上升到最高点时，各种生物均毁灭，地球成为蛮荒之地。

知识链接

全球变暖的最新事实

气候变化是不容置疑的事实。监测显示，1880—2012年，全球地表平均温度升高了0.85℃。1983—2012年是北半球140年来最暖的30年，也是1850年以来最暖的30年。据IPCC第五次评估报告，气候变化已经对地球自然生态系统和人类社会产生了广泛影响，在水资源、生态系统、粮食生产、人类健康等领域，已经检测到气候变化的影响。

人类活动是全球气候变暖的主要原因。这是工业革命以来人为排放和自然排放的二氧化碳对地球系统贡献和累积的结果。IPCC第五次评估报告研究结论表明，20世纪50年代以来全球气候变暖一半以上是人类活动造成的，此次评估认为这个结论的可信度在95%以上。未来温室气体的持续排放将导致气候继续变暖，将会带来更为广泛的影响和风险。

自1950年以来，气候系统观测到的许多变化是过去几十年甚至近千年以来史无前例的。相对于1961—1990年，1880—2012年全球地表平均温度约上升了0.85℃。截取1880—2012年这段时间，是基于国际上3个独立的气候数据集最早的起始时间。由于1850—1880年全球器测数据有限，在此之前几乎无器测数据，难以得出科学的温升判断。

根据IPCC第五次评估报告，1971—2010年海洋变暖所吸收热量占地球气候系统热能储量的90%以上，几乎可以确定的是，海洋上层（0～700米）已经变暖。与此同时，1979—2012年，北极海冰面积以每10年3.5%～4.1%的速度减少。自20世纪80年代初以来，大多数地区多年冻土层的温度已升高，升温速度因地区差异而不同……数据说明，气候变暖的事实更为确凿。

为什么说人类影响极可能是气候变暖主因

IPCC对气候变化事实和趋势的最新评估结论显示，人类的影响极有可能是导致20世纪中叶以来气候变暖的主要因素。这一结论基于对气候系统更好的认识。科学家对气候变暖的归因认识更加深刻，气候变暖受人类活动影响的证据更强。

扫码探秘

和过去相比，人为辐射强迫更强。这是指总辐射强迫为正值，并导致了气候系统的能量净吸收。自1750年以来，辐射强迫的最大“贡献”来自二氧化碳浓度的增加。与1750年相比，2011年人为总有效辐射强迫估计值为每平方米2.29瓦，2011年人为总有效辐射强迫估计值比2005年高43%。

根据报告，人类活动极可能（95%以上的可能性）导致了20世纪50年代以来的大部分（50%以上）全球地表平均气温升高。其中，温室气体在1951—2010年可能贡献了0.5～1.3℃。在一系列情景模式下，相对于1986—2005年，全球地表平均气温在2016—2035年将升高0.3～0.7℃，2081—2100年将升高0.3～4.8℃，2100年地球温度可能上升超过2℃，这是各国政府承诺保持的临界值。这表明，全球应对气候变化的压力可能将更大。

根据最低的情景模式计算，到21世纪末，与1850—1900年相比，全球地表平均气温将可能高于1.5℃，而根据两个较高的排放情景，升温可能超过2℃。随着气候变暖，高温热浪将变得更加频繁，且持续时间更长。湿润地区将有更多降水，而干旱地区的降水将变得更少。这说明未来极端性天气气候事件的发生概率可能进一步增加，而人类则需要更多的应对措施来避免自己受到不利影响。

延伸阅读

气候变化会影响粮食安全吗

相关研究成果显示，气候变暖已经影响到主要粮食作物的产量，粮食安全较差的发展中国家下降程度更大。

全球性和地区性的气候和食品体系都在发生变化，而且两者互相影响的程度也在加深，粮食作物的种植在区域和品种上日趋集中。与此同时，气候变暖尤其是极端天气增加将改变粮食产量、质量和病虫害的分布，从而对粮食供应体系产生影响和冲击，未来全球粮食供应体系将变得更脆弱和低效。

气候变化会导致气温、降雨量和土壤湿度等产生变化，改变粮食作物对土地的适应性、生长周期、水和能源需求等，从而严重影响到农田使用和作物产量，尤其是对低纬度和热带地区的作物产量危害更甚。

各国必须加大科技创新，增加农业适应气候变暖的能力，在作物品种的选择、灌溉技术和管理的改进以及土地更加有效利用等方面做出努力。

鉴于气候变化影响到粮食安全和人类营养，必须改变人类饮食结构、减少浪费，增加全球食品体系的可持续性和高效性。

气候变化会影响淡水资源吗

观测表明，在许多区域，降水变化和冰雪融化正在改变水文系统，影响水资源和水质，由于气候变化，许多地区的冰川持续退缩，影响径流和下游的水资源，全世界200条大河中近三分之一的河流径流流量减少。气候变化已经对冰川、积雪、冻土、河流和湖泊产生了不同程度的影响。

随着温度上升，气候变化对淡水资源造成的风险将显著增加。21世纪许多亚热带干旱地区的可更新地标和地下水资源将显著减少，部门间的水资源竞争恶化。温度每升高1℃，全球受水资源减少影响的人口将增加7%。

气候变化对生态系统有何影响

气候变化已经改变了许多陆地和海洋生物种群的分布范围、季节性活动、迁徙模式和丰富程度。21 世纪，气候变化将对一些区域的陆地和淡水生态系统造成突变和不可逆的高风险，特别是寒带北极苔原和亚马孙热带雨林。21 世纪及之后，受气候变化及其他外力（如栖息地改变、过度开发、污染和物种入侵）的共同作用，大部分陆地和淡水物种将面临更高的灭绝风险。

气候变化对海岸带和海洋有何影响

气候变暖会造成海平面上升和海水温度升高，导致海洋酸化，影响海洋生态，例如珊瑚白化、海洋生物发生转移等。由于 21 世纪之后海平面上升，海岸系统和低洼地区将遭受越来越多的不良影响，比如面临被淹没、遭受海岸段洪水和海岸侵蚀的风险。由于人口增长、经济发展和城市化，未来几十年沿岸地区的居民、财产及生态系统面临的风险将显著增加。

气候变化会影响人类健康吗

过度炎热和寒冷都会导致死亡率增加，气候变化对霾天气的形成有一定影响。21 世纪以来，中国霾日数显著增加，对人体健康影响大。

21 世纪，气候变化将恶化很多国家中低收入人群的健康状况。比如在贫困地区，粮食产量不稳定可能造成儿童营养不良。气候变化也会造成各种传染性疾病增加。

气候变化对我国的影响

气候变化导致的风险在我国也不断加大。气候变化对我国国家安全也提出了严峻的挑战，并对国家的粮食安全、水安全、生态安全、环境安全、重大工程安全等一些传统的和非传统的安全，构成了严重的威胁。

温室效应

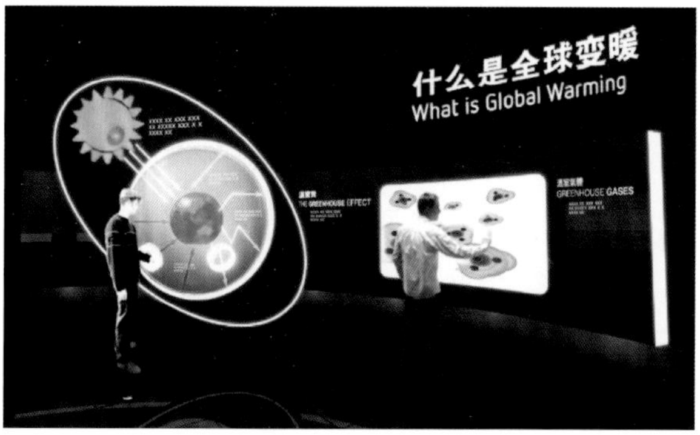

展品介绍

参与者观看一个大型的全球变暖的3D影片，可以把手放入透明的大气球内，感受令人不舒服的热气。触摸屏上有一个互动游戏，可以将简单的分子合成为温室气体。如果形成的分子结构可以带来温室效应，则将展示温室效应对地球大气、人类生产生活的影响。

知识链接

温室效应

太阳是地球气候的根本能源，它在电磁波谱波长很短的谱区——主要是可见光区或近可见光区（如紫外谱区）——发射能量。到达地球大气顶层的太阳能量中，大约三分之一被直接反射回太空。其余三分之二被地球表面以及大气（所占份额很小）所吸收。

为了平衡所吸收的入射能量，平均而言，地球必须也向太空发射同样数量的能量。地球的温度比太阳要低得多，因此，地球是在电磁波谱波长长得多的谱区——主要是红外谱区——发射辐射。陆地和海洋所发射的大部分热辐射被大气圈（包括云和CO_2等痕量气体）所吸收，并重新将其发射回地球，这种热辐射使其下大气层和地面加热。这称作温室效应。

但是仅从热辐射输送过程来理解温室效应还不够，还必须考虑大气温度垂直分布的作用。大气中的水汽和温室气体吸收了地表发射的长波热辐射，并同时以自身的温度向外空发射热辐射。在大气高层，由于温度比地表低得多，这些气体发射的热辐射量比较小。这些高层的温室气体吸收了大量或全部由地表发射的长波辐射，但其向外发射的长波辐射却相对少得多。

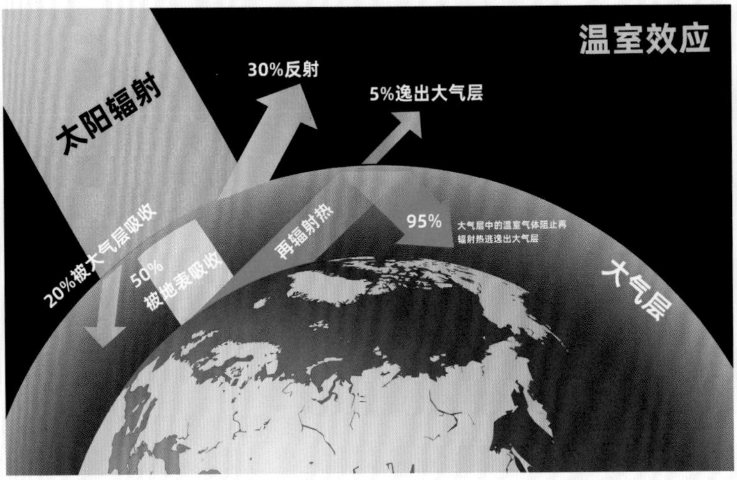

温室效应

因此这些水汽和温室气体的存在使大气损失于外空的热辐射大大减少。这些温室气体的作用犹如覆盖在地表上的一层棉被，棉被的外表比里表要冷，使地表热辐射不至于无阻挡地射向外空；从而使地表比没有这些温室气体时更为温暖。由上可见，地球上如果没有温度随高度减小的温度垂直分布，就不会有温室效应。温室效应之所以得名是由于上述辐射过程类似于玻璃温室的辐射过程。

温室气体

从气候变化的角度来看，化石燃料排放的二氧化碳依然是最大的罪魁祸首。

温室气体指的是大气中能吸收地面反射的太阳辐射，并重新发射辐射的一些气体，如水汽（H_2O）、二氧化碳（CO_2）、氧化亚氮（N_2O）、甲烷（CH_4）等是地球大气中主要的温室气体。温室气体类似于温室截留太阳辐射，并加热温室内空气的作用。这种温室气体使地球变得更温暖的影响称为“温室效应”。

为什么要减排温室气体

面对温室气体，我们无须逃之夭夭。其实温室气体是影响气候的“双刃剑”。一方面它们使地球表面变得更暖，科学家研究表明：如果没有温室气体的保护，地球上的年平均气温将降低至 −23℃，而正是因为它们的存在，我们才能在年平均气温14℃的地球上生活；另一方面，它们导致了以全球变暖和极端气候事件频繁发生为特征的气候变化。

人类活动排放了大量的温室气体，破坏了自然活动释放的温室气体在大气中的平衡，且短时期内不能恢复。

减排目标是什么

气候变化是人类面临的全球性问题。世界各国以全球协约的方式减排温室气体。2020年9月22日，中国国家主席习近平在第七十五届联合国大会上郑重宣布，中国将提高国家自主贡献力度，采取更加有力的政策和措施，二氧化碳排放力争于2030年前达到峰值，努力争取2060年前实现碳中和（“碳中和”指在一定时间内直接或间接产生的温室气体排放总量，通过植树造林、节能减排等形式，以抵消自身产生的二氧化碳排放量，实现二氧化碳“零排放”）。2021年3月，美国和欧盟发表联合声明，计划在2050年之前实现净零排放。

如何核算温室气体排放

针对减排目标，国家、省、设区市甚至每个企业首先要做的就是进行温室气体排放清单的编制，也就是温室气体排放量的计算。

是不是所有的温室气体都需要计算？当然不是！《京都议定书》中控制的6种温室气体为：二氧化碳（CO_2）、甲烷（CH_4）、氧化亚氮（N_2O）、氢氟碳化合物（HFCs）、全氟碳化合物（PFCs）、六氟化硫（SF_6）。

城市热岛效应

热岛效应是指一个地区的气温高于周围地区的现象。热岛效应是由于人为原因，改变了城市地表的局部温度、湿度、空气对流等因素，进而引起的城市小气候变化现象。该现象属于城市气候最明显的特征之一。

由于城市建筑群密集，柏油路和水泥路面比郊区的土壤、植被具有更大的吸热率和更小的比热容，使得城市地区升温较快，并向四周和大气中大量辐射，造成了同一时间城区气温普遍高于周围郊区的气温，高温的城区处于低温的郊区包围之中，如同汪洋大海中的岛屿，人们把这种现象称之为城市热岛效应。

在全球气候变暖过程中，城市热岛效应会产生多大影响一直就是争论焦点。一些人得出了热岛效应的影响比气候变化本身更大或者类似的结论；而一些研究者则指出，在一些国家和地区，这种影响其实并不存在。对于我国来说，这方面的研究也非常之多，结果也同样是千差万别，没有统一的认识。一方面由于城市热岛效应本身比较复杂，许多内部的关键性问题并没有搞清；另一方面研究资料不足，资料的质量和可信度受到了广泛地质疑，因此很难有一个统一的说法。比较能够达成共识的观点是，城市热岛效应对中国区域气候变化确实存在一定影响，不过和全球变暖引起的气候变化并不在一个量级。

延伸阅读

应对气候变化锦囊妙计

应对气候变化看起来是国际高端事务，甚至是政治上的博弈，其实，每个普通人都是地球的一份子，在日常的衣食住行中，都可以为缓解全球气候变化做出自己的一点贡献。

第一，当我们出门的时候，可以尽量选择公共交通出行，少开私家车，骑自行车更加环保。因为交通领域的排放与气候变化联系紧密。气候变化的主要原因是人类燃烧大量化石燃料而排放温室气体，大部分机动车烧汽油或柴油，不断排出二氧化碳等温室气体。购买私家车的时候，购买排量较低的小轿车，越野车的碳排放要多得多。在所有的出行方式中，乘坐飞机的碳排放量可以说是最大的，如果因为出差、旅行等原因不得不乘坐飞机的时候，可以采用其他方式来抵消碳排量，比如参加捐款植树的活动。

第二，当我们家居生活的时候也时时处处都可以从小处着手，应对气候变化。选择住宅的时候，可以选择绿色低碳的建筑。水泥和建筑行业是温室气体的排放大户，这些行业可以通过改善工艺而减少排放。现在我们一般都不自己盖房子了，但可以做的是在装修的时候重视保暖、隔热，通过加装隔热层和使用效率更高的供暖、空调设施，在需要开空调的时候，将空调的温度尽量开得高一些，从而减少供暖和空调的温室气体排放。

此外，我们在选择电器的时候，也可以尽量选择节能的类型，比如采用节能灯泡比采用白炽灯就更加环保；当我们洗澡的时候，选择淋浴比泡澡更加减排；当我们煮饭的时候，提前将米浸泡一下，就可以减少用电量和碳排放；每人每年少买一件不必要的衣服，就可相应减排二氧化碳6.4千克……诸如此类的生活细节还有很多，只要我们处处留心，就可以成为节能减排的小能手。

第三，改变饮食习惯，比如少吃肉也可以帮助应对气候变化。畜牧业每年排放的温室气体量几乎占到全球排放总量的15%，通俗一点说，许多人可能想不到的是，连牛打嗝放屁也会排放温室气体。在亚马孙热带雨林，大面积的原始森林被砍伐，用来养牛，这样无形中减少了绿色植物的减碳功能，增加了碳排量。

少吃肉会不会营养不良呢？从目前的状况看来，对许多生活水平已较高的人来说，营养过剩的情况反而比较多，多吃肉反而会带来健康风险。在保证热量和营养的前提下，少吃肉既有助身体健康，也能帮助应对气候变化。

扫码探秘

节约能省钱、多坐公交可减少拥堵、少吃肉有益健康……从衣食住行等日常小事做起，不仅可以帮助我们的地球应对气候变化，往往还能带来健康、节省金钱，好处多多！

碳足迹

展品介绍

通过电脑互动问答，让参与者按照自己的生活方式，譬如他的工作、娱乐、健身休闲、购物等计算碳足迹。回答完九个问题后，屏幕会显示出他的碳足迹分数，所有问题完成后，巨型的有刻度表盘的指针会移动展示碳足迹分数。该展品也会提示参与者减少碳足迹。

知识链接

碳足迹

碳足迹，英文为 Carbon Footprint，是指企业机构、活动、产品或个人通过交通运输、食品生产和消费以及各类生产过程等引起的温室气体排放的集合。它描述了一个人的能源意识和行为对自然界产生的影响，号召人们从自我做起。目前，已有部分企业开始践行减少碳足迹的环保理念。

碳足迹标示一个人或者团体的“碳耗用量”。“碳”，就是石油、煤炭、木材等由碳元素构成的自然资源。“碳”耗用得越多，导致地球暖化的元凶“二氧化碳”也制造得越多，“碳足迹”就越大；反之，“碳足迹”就越小。

计算你的“碳足迹”

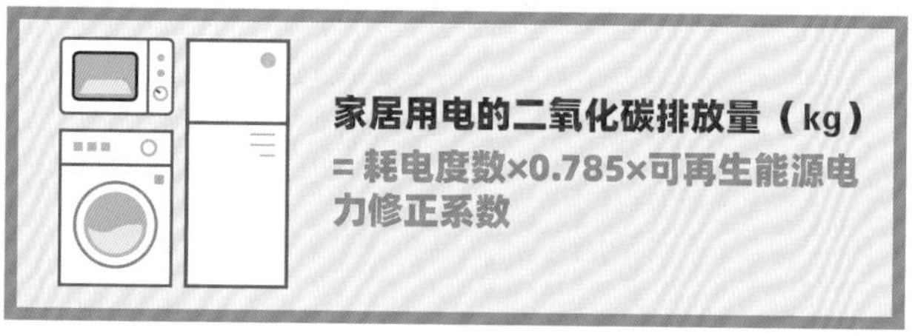
家居用电的二氧化碳排放量（kg）
=耗电度数×0.785×可再生能源电力修正系数

开车的二氧化碳排放量（kg）
=油耗公升数×0.785

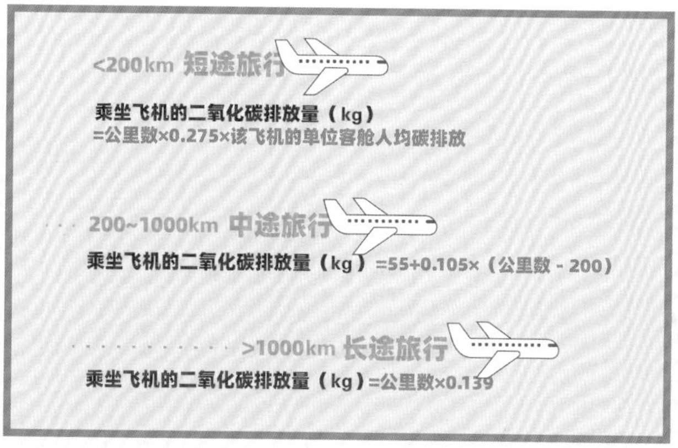
<200km 短途旅行
乘坐飞机的二氧化碳排放量（kg）
=公里数×0.275×该飞机的单位客舱人均碳排放
200~1000km 中途旅行
乘坐飞机的二氧化碳排放量（kg）=55+0.105×（公里数 - 200）
>1000km 长途旅行
乘坐飞机的二氧化碳排放量（kg）=公里数×0.139

换算后需补偿树的数目

例如：如果你乘飞机旅行2000千米，那么你就排放了278千克二氧化碳，为此，你需要种植三棵树来抵消；如果你用了100度电，那么你就排放了78.5千克二氧化碳，为此，你需要种植一棵树；如果你自驾车消耗了100公升汽油，那么你就排放了270千克二氧化碳，为此，需要种植三棵树……

如果不以种树补偿，则可以根据国际一般碳汇价格水平，每排放1吨二氧化碳，补偿10美元。可以用这部分钱，请别人去种树。

延伸阅读

主动减少碳排放

主动减少碳排放，有几种常见方法。

换节能灯泡。11 瓦节能灯相当于约 80 瓦白炽灯的照明度，使用寿命也比白炽灯长 6 ~ 8 倍，不仅大大减少用电量，还节约了更多资源，省钱又环保。

26 度空调。空调的温度夏天设在 26℃左右，冬天设在 18 ~ 20℃对人体健康比较有利，同时还可大大节约能源。

购买那些只含有少量或者不含氟利昂的绿色环保冰箱 。丢弃旧冰箱时打电话请厂商协助清理氟利昂。选择“ 能效标志 ”的冰箱、空调和洗衣机，能效高，省电加省钱。

购买小排量或混合动力机动车，减少二氧化碳排放。

选择公交，减少使用小轿车和摩托车。

购买本地食品，免去空运环节，更为绿色。

关闭电器电源。无论办公室还是家里，电脑、电视等电器不使用时关闭电源比待机状态能节约电源。

旧物捐赠。将自己多余或无用的物品捐赠给福利组织。

节约用水。将马桶和水龙头的流量关小，尽量一水多用，比如用洗菜水刷碗、用洗衣水拖地。

碳补偿或碳抵消

通过植树（也可委托国家认可的基金会）或其他吸收二氧化碳的行为，对自己曾经产生的碳足迹进行一定程度的抵消或补偿。

植树造林

保护和管理好现有森林，扩大森林面积、蓄积量、生物量和生长量，可增加森林对碳的吸收，发挥森林碳汇作用，不仅能够有效遏制和减缓全球气候变化，还能美化和改善环境，发挥森林的生态、社会、经济、文化功能和效益。

气候变化长廊

展品介绍

世博会世界气象馆的第二个展区，主题是“气候变化与城市的责任与机遇”。云雾袅绕，如坠幻境。南极冰芯、古树年轮和上古书籍扑面而来，将游客带入滔滔的历史长河。20 个人类文明的历史瞬间，构筑起一条梦幻般的时空隧道，让您在视觉震撼中，感受气候变化与人类活动的息息相关，思考应对气候变化是城市和人类应承担的责任。

扫码探秘　　扫码探秘

知识链接

冰芯与气候变化研究

冰芯就好像书本，每年这本“书”都会增加一页冰层，而这些冰层记录着每一年气候环境自然变化的信息，也记录着人类活动对于气候环境的影响。从底部往上逐渐形成的冰层，越往上年代越新。

深冰芯记录的古气候环境信息是研究地球系统气候变化机制的基础，而地球气候系统自然变化规律的探寻是评估人类活动对地球气候系统影响程度的基本前提。通过冰芯钻探，可探究全球气候的演变过程并推断未来变化趋势。

1950 年以来的冰芯研究一直集中在两极地区，已经取得了一系列重大成果，如恢复了过去 20 多万年以来的气候环境变化信息，判别出人类工业化以来大气中温室气体含量的急剧增加等。从极地获取的冰岩芯样品，至今已超过2000米，获得了15万年以前的古气候和古环境资料，不仅能测定冰川的年龄及其形成过程，还可以得到相应历史年代的气温和降水资料，以及相应年代的二氧化碳等大气化学成分含量，开辟了恢复古气候和古环境的新道路。

截至2020年，我国已在昆仑站取得300多米深冰芯，这些深冰芯将被接续起来，用于100万年时间尺度全球气候变化研究，有望为科学家揭开地球古气候之谜，为重建中新世气候档案提供一把“金钥匙”。

位于南极内陆冰盖最高点冰穹A地区的昆仑站海拔4000多米，冰厚3000多米，是国际公认的南极冰盖最理想的深冰芯钻取地点，在此处钻探也是世界上技术难度最大的冰芯钻探科学工程。经过我国南极考察队的不懈努力，昆仑站目前已开辟出长40米、地下深3米、宽5米的深冰芯钻探场地，并开挖一条长10米的钻探槽，完成了深冰芯处理和储存的工作场地、导向钻孔及安装、钻机循环系统、通风系统等建设工作。

除了两极之外，我国科学工作者还从祁连山敦德冰帽、西昆仑山古里雅冰帽、希夏邦马峰抗物热冰川和唐古拉山冬克玛底冰川上钻取了多支深孔和浅孔冰芯。通过分析与研究获得了一些重要成果：建立了古里雅冰芯末次间冰期以来的气候记录、敦德冰芯全新世气候记录、古里雅冰芯过去2000年以来高分辨率的气候环境记录、小冰期以来的气候环境记录，揭示了青藏高原近百年来的气温变化。通过青藏高原冰芯微粒研究，分析大气环流强度等重要环境指标。

古树年轮与气候变化研究

20世纪70年代初，美国弗里茨根据年轮宽度变化和气压距平场的关系，来推测历史时期的气温、降水状况，绘制出1700年以来北半球西半部10年平均的环流图。研究人员对北半球三大洲中高纬度地区许多地点的古树进行了采样，并开展了研究。最近的一项工作发现，从1000年前至800年前，全球气温有明显的上升。它提醒人们在全球变暖问题上，需要将自然变化和人为因素有效地区分开来，这有助于科学家完善气候变化的研究模型，从而准确预测未来气候变化趋势。

延伸阅读

《联合国气候变化框架公约》

《联合国气候变化框架公约》(United Nations Framework Convention on Climate Change，UNFCCC)，是指联合国大会于1992年5月9日通过的一项公约。同年6月在巴西里约热内卢召开的有世界各国政府首脑参加的联合国环境与发展会议期间开放签署。1994年3月21日，该公约生效。地球峰会上有150多个国家以及欧洲经济共同体共同签署。公约由序言及26条正文组成，具有法律约束力，终极目标是将大气温室气体浓度维持在一个稳定的水平，在该水平上人类活动对气候系统的危险干扰不会发生。根据“共同但有区别的责任”原则，公约对发达国家和发展中国家规定的义务以及履行义务的程序有所区别，要求发达国家作为温室气体的排放大户，采取具体措施限制温室气体的排放，并向发展中国家提供资金以支付他们履行公约义务所需的费用。而发展中国家只承担提供温室气体源与温室气体汇的国家清单的义务，制订并执行含有关于温室气体源与汇方面措施的方案，不承担有法律约束力的限控义务。该公约建立了一个向发展中国家提供资金和技术，使其能够履行公约义务的机制。截至2016年6月，加入该公约的缔约国共有197个。

《京都议定书》的签订

《京都议定书》(英文：Kyoto Protocol)，又译《京都协议书》《京都条约》；全称《联合国气候变化框架公约的京都议定书》(気候変动に関する国际连合枠组条约の京都议定书)是《联合国气候变化框架公约》的补充条款。1997年12月在日本京都由联合国气候变化框架公约参加国三次会议制定。其目标是“将大气中的温室气体含量稳定在一个适当的水平，进而防止剧烈的气候改变对人类造成伤害”。2011年12月，加拿大宣布退出《京都议定书》，成为继美国之后第二个签署但后又退出的国家。

政府间气候变化专门委员会(Intergovernmental Panel on Climate Change，IPCC)已经预计从1990年到2100年全球气温将升高1.4～5.8℃。评估显示，《京都议定书》如果能被彻底完全执行，到2050年之前仅可以把气温的升幅减少0.02～0.28℃，正因为如此，许多批评家和环保主义者质疑《京都议定书》

的价值，认为其标准定得太低根本不足以应对未来的严重危机。而支持者们指出《京都议定书》只是第一步，为了达到 UNFCCC 的目标今后还要继续修改完善，直到达到 UNFCCC 4.2（d）规定的要求为止。

《巴黎协定》

《巴黎协定》(全称《巴黎气候变化协定》) 是 2015 年 12 月 12 日在巴黎气候变化大会上通过、2016 年 4 月 22 日在纽约签署的气候变化协定，该协定为 2020 年后全球应对气候变化行动作出安排。《巴黎协定》主要目标是将 21 世纪全球平均气温上升幅度控制在 2℃以内，并将全球气温上升控制在前工业化时期水平之上 1.5℃以内。

中国全国人大常委会于 2016 年 9 月 3 日批准中国加入《巴黎协定》，中国成为第 23 个完成批准协定的缔约方。

2017 年 10 月 23 日，尼加拉瓜政府正式宣布签署《巴黎协定》，随着尼加拉瓜的签署，拒绝《巴黎协定》的国家只有叙利亚和美国。11 月 8 日，德国波恩举行的新一轮联合国气候变化大会上，叙利亚代表宣布将尽快签署加入《巴黎协定》并履行承诺。

2018 年 12 月 15 日，联合国气候变化卡托维兹大会顺利闭幕，大会如期完成了《巴黎协定》实施细则谈判。

风车园

展品介绍

展示风能、太阳能等新能源应用，大、中、小风车各1套，风电互补、太阳能发电路灯模拟演示系统、运行状态展示系统各1套。

知识链接

太阳能

太阳能，是指太阳的热辐射能，主要表现就是常说的太阳光线。在现代一般用作发电或者为热水器提供能源。

自地球上生命诞生以来，就主要以太阳提供的热辐射能生存，而自古人类也懂得以阳光晒干物件，并作为制作食物的方法，如制盐和晒咸鱼等。在化石燃料日趋减少的情况下，太阳能已成为人类使用能源的重要组成部分，并不断得到发展。太阳能的利用有光热转换和光电转换两种方式，太阳能发电是一种新兴的可再生能源。广义上的太阳能也包括地球上的风能、化学能、水能等。

风能

风能指空气流动所产生的动能，是太阳能的一种转化形式。由于太阳辐射造成地球表面各部分受热不均匀，引起大气层中压力分布不平衡，在水平气压梯度的作用下，空气沿水平方向运动形成风。风能资源的总储量非常巨大，是可再生的清洁能源，但它的能量密度低（只有水能的1/800），并且不稳定。在一定的技术条件下，风能可作为一种重要的能源得到开发利用。

城市通风廊道

城市通风廊道，从字面意思并不难理解，就是城市里让风通过的道路。之所以叫廊道，是因为城市建筑群比较密集，穿插在其中像走廊一样，而且狭窄的范围可以让风力更强。城市通风廊道是利用自然风条件改善城市通风的一种手段，为风在城市中的良性流动创造便捷通道。

建设城市通风廊道的目的是解决城市热岛和大气污染的问题。一方面，城市建筑密集而且高大，空气流通慢。如果郊外凉爽空气吹进来，把城区热空气置换出去，这样可以缓解热岛效应。另一方面，相比于农村，城市中有更多的工厂排放，汽车尾气等污染源，是大气污染的重灾区。在无风、空气流通不畅的不利气象条件下，污染物容易堆积在城市中。而有了通风廊道，郊外的风能吹到主城区，将大气污染物带走。但“城市通风廊道”毕竟只是一种辅助手段，让城市在起风时能够最大限度利用风势通风换气。

延伸阅读

气象科技助力风能、太阳能长远利用

逐步削减化石燃料、合理开发利用新能源是应对气候变化，建设资源节约型、环境友好型社会，实现可持续发展的重要一环。风能、太阳能等新能源中的“明星”能否顺利开发，与当地气候条件息息相关。

长期以来，气象部门依托行业优势，开展风能、太阳能开发利用工作，为风电场、太阳能电站选址提供技术支撑和相关预报服务。

开展全国风能、太阳能资源监测，推进太阳能光伏扶贫

开展全国风能资源详查和评估工作。摸清全国陆地及近海的风能资源分布，支持我国风电发展规划编制和实施，并在上千个风电场选址或风能资源评估中得到应用，极大地支撑和推动了我国风能资源的开发利用。

开展全国太阳能资源评估。完成了全国陆地太阳能资源开发潜力的宏观评估和重点开发区域的精细化评估，为国家、区域太阳能开发利用规划和宏观政策提供科学依据。

建立并完善风能、太阳能预报业务服务体系。风能、太阳能预报业务服务

产品实现全国陆地区域的全覆盖，并研发了不同时间尺度的预报产品，满足电网调度要求和风电场 / 光伏电站等发电企业的特殊定制化需求。

开展国家级贫困县太阳能资源评估。在国家实施光伏扶贫战略开局之年，完成了 832 个国家级贫困县太阳能资源评估，形成《全国贫困县光伏发电太阳能资源评估》，成为地方政府制定光伏扶贫规划、开展试点工作的科学依据。

扫码探秘

引领风电行业技术发展模式，提升经济效益

中国气象局公共气象服务中心研制的中尺度模式与 CFD 流体力学软件融合技术，可提供十米量级分辨率的精细风工程参数，实现可高效业务化工程应用，解决了一直困扰行业领域的复杂风电场布机设计和微观选址优化、测风塔代表性等技术难题，大大减少了复杂地形风电工程测风塔数量，可用于分散式风电项目，可为工程节省大量前期观测时间和成本。

为三峡新能源等企业集团提供风电场微观选址设计、复杂山地风电场风机个性化选型设计的校核优化工程服务。实践表明，气象服务可使项目年发电量提升 5% ~ 10%，经济效益显著。

风能开发利用气象服务

风电场建设气象条件选址，首先应考虑风的资源如何，风电场必须建立在风资源丰富的区域，一般该地区年平均风速要达到 5 米 / 秒或以上，静风频率要小，一般要掌握风速海洋大于陆地、高山大于丘陵、丘陵大于平原的原则。盛行风向频率要高，盛行风向频率一般受季节、季风、地形影响较大。另外，选址还要考虑气象自然灾害，如台风、沙尘暴、风暴潮等较少的地区。

近年来，中国气象局先后组织开展风能资源评估气象服务。2012—2014 年，全国总计完成 531 个风电场场址评估，其中，2014 年全国总计完成 187 个风电场场址评估，为 341 个风电场提供风能预报服务。

太阳能开发利用气象服务

太阳能光伏电站布局选址首先要在太阳能资源丰富的区域，一个地区的年辐射总量大于 3780 兆焦 / 米 ^{2}，且年日照时数大于 2000 小时，则属于开发利用

太阳能资源的重点区域。还要考虑云层情况、温度等气象因素。云层会减少太阳直接辐射、增加散射辐射，云对太阳辐射总的作用是总辐射随云量的增多而减小。光伏组件发电量与环境温度密切相关，太阳能蓄电池的性能也随温度的升高而严重下降，选址时应该尽量选择低气温地区，通常选择地表空旷、时常有气流流动的地方。

近年来，中国气象局在太阳能资源开发利用方面做了很多针对性的气象服务。2012—2014 年，全国总计对 89 个太阳能电站选址进行了气候评估，其中，2014 年对 45 个太阳能电站进行了选址评估，为 92 个太阳能电站提供预报服务。

气象因素在城市通风廊道建设中的应用

城市通风廊道建设需精细评价城市风系统。这是开展城市风功能评价的基础，也是实现通风廊道的基本气候空间单元。其中，城市风系统包括主导风和局地风两种，主导风是指受大尺度季风环流影响，常年影响本地区且随季节有规律改变的风流场特征，是评价通风廊道的关键指标。局地风则需要结合区位分布和局地地形特征，表现为弱背景风条件下对城市局地有增风作用的通风资源，如海陆风、山谷风等。

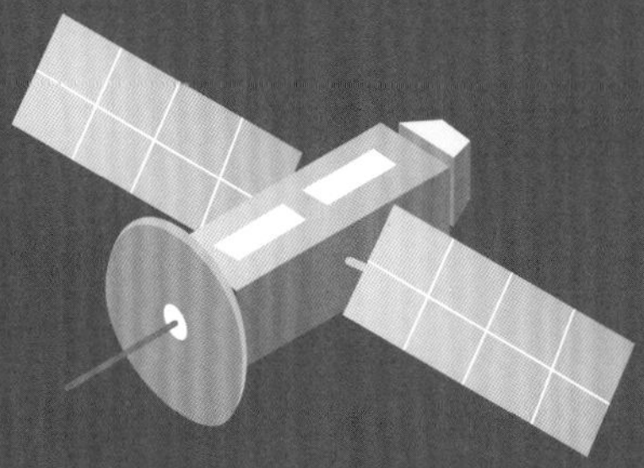

综合展项 »

涂长望先生纪念铜像

展品介绍

世界著名的气象学家，新中国第一任气象局长涂长望先生的塑像位于中国气象科技展厅（注：中国气象科技展厅于 2019 年升级改造为中国气象科技展馆）入口右侧，预示着蒸蒸日上的新中国气象事业的开始。涂长望先生是中国近代气象科学的奠基人之一，是新中国气象科学事业的主要创建人，是中国和世界科学界的卓越活动家。

知识链接

涂长望（1906 年 10 月 28 日—1962 年 6 月 9 日），出生于湖北武汉，气象学家，社会活动家，教育家，中国科学技术协会和九三学社创始人之一，中国科学院学部委员（院士），中国气象局首任局长。

涂长望历任第一、二届全国人民代表大会代表，第一、二届全国政协委员，中国科学院地学部委员，九三学社中央常务委员、秘书长、副主席。1955 年被选为中国科学院学部委员（第一批院士）。1956 年加入中国共产党，并当选中国人民政治协商会议第二届全国委员。1962 年 6 月 9 日英年早逝，享年 56 岁。

涂长望是中国近代气象科学的奠基人之一，新中国气象事业的主要创建人、杰出领导人和中国近代长期天气预报的开拓者。在长期预报、农业气候、霜冻预测、长江水文预测、气候与人体健康、气候与河川水文关系等气象领域均有杰出成果。

延伸阅读

1949 年 12 月 8 日，中央人民政府人民革命军事委员会气象局（简称“军委气象局”）宣告成立，涂长望任局长。军委气象局的成立，标志着新中国气象事业的诞生。

浮雕（气象事业发展历程）

展品介绍

中国气象科技展厅以三组浮雕启展，浮雕选取典型事件概略展示我国气象事业发展历程的不同阶段：选取如二十四节气、李氏风力等级表发明等，展现源远流长的中国古代气象；选取1912年成立中央观象台、1928年竺可桢在北极阁创建气象研究所等内容，展现艰苦探索的近代气象；通过自动化、信息化、现代化的规划畅想，描述未来中国气象事业发展的美好蓝图。

知识链接

中华气象文明源远流长，从“看云识天气”的经验传承到“二十四节气”的韵律实践，中华民族给世界留下了丰富的气象文化遗产。新中国成立后，气象部门在党中央、国务院领导下，开创了气象事业发展的新局面。从“天—地—空”一体化的综合气象观测网，到客观、定量、智能、精细化分析预报，气象现代化作为民生工程，始终秉承人民利益至上这一根本宗旨，以人民放心满意为目标，着力服务经济、社会、国防建设，着力服务保障国家重大战略，着力提升防灾减灾能力水平，气象服务效益不断彰显，为全面建成小康社会做出重要贡献。

延伸阅读

《中国气象史·序言》（节选）

秦大河

中国远古时代，人们把认识气象和“治历明时”的活动，制订节气时令的大法称为“造宪”；而把预测未来气象灾异和吉凶祸福的活动，编制占卜所用的底本称为“作《易》”。清代学者章学诚说：“上古圣人，开天创制，立法以治天下，作《易》与造宪同出一源。”（《文史通义·解经上》）我们的祖先从万年前的渔猎时代开始，就有意识地对天地万物进行“仰观俯察”，对天时“节以制度”，历数千年而创造了各种时令节气系统和《易》八卦系统，成为人类科学文化的渊薮。

气象科学与人类文明攸关而同步发展。人类文明起源于农业的发明，告别了缺少保障的采集渔猎生活，代之以主动的种植与畜牧，因而社会财富也开始积累起来。农业的产生不仅需要肥沃的土壤和水源，更需要适宜的温度、光照、雨水和风以及季节分明、有利于农耕和农闲的气候。因此，所有文明的发源地都与河流水源有联系，而且位于回归线以北直到北纬40°左右的地方。适宜的气象环境，是农业文明发展的天然保障。

我们的祖先把赖以掌握天时的物候指标作为图腾，产生了龙凤龟麟的祥瑞；又把人间生活搬上星空，做出了四象、十二辰、二十八宿的星空区划；把各种物候和天象用于造宪，制订了四时、八节、二十四气、七十二候的季节划分。几千年来，二十四节气家喻户晓，保证了中国始终以发达的农业文明著称于世，所产生的社会经济效益不低于四大发明。华夏农业文明最本质的特征就是要处理好天人关系，并形成了系统的天道观，影响及于哲学和伦理思想、文学艺术、科学技术的众多方面。

古代气象成果主要是应用于农学，其次是医学、军事学等。中国的医疗气象学，很早就产生了系统的理论，并有心理学方面的“气质论”产生。而律吕学则为中国古代所特有，本是研究声律的，直接用于音乐艺术，古人却把定音器（律管）作为“候气之管”，认为“十二律定，天地之气正”，没有把自然科学、社会科学和文化艺术分开。

18—19世纪，随着科学技术在西方的迅速发展和传播，拉开了中国近代气象科学的序幕。由于当时的中国国情而使气象事业的发展落后于历史前进的步伐。但是，气象科技人员为发展中国气象事业所付出的艰辛劳动和取得的可喜成绩是功不可没的。

中华人民共和国的诞生，为气象事业的发展开辟了广阔的前景。

民国气象半景纱幕

展品介绍

以近代中国具有年代感的建筑风格作为空间设计语言，以北极阁为展示背景，结合展示空间，融入影像故事内容，通过纱幕投影的方式呈现展示内容，以南京北极阁作为故事的引子，展现中国现代气象事业之初的故事。

知识链接

1928 年，著名气象学家竺可桢任气象研究所所长。选南京钦天山为所址，在山顶北极阁原址重建气象台，自 5 月动工，至 12 月完工。

1934 年秋，正在英国攻读博士学位的涂长望，接到竺可桢请他回国的电报后，毅然舍弃取得博士学位的机会，踏上归途。

1936 年 4 月 5 日，竺可桢任浙江大学校长，仍兼任气象研究所所长。

1937 年 11 月 18 日，气象研究所留守南京的天气预报业务被迫停止。南京气象资料整十年不间断的希望，差四十天未能实现。

1941 年 10 月，行政院决定在重庆成立“中央气象局”，首任局长为黄厦千。

1942 年 7 月起，气象研究所将日常天气预报业务及全国气象台站管理均交由“中央气象局”负责。

1946 年 9 月，气象研究所回迁南京北极阁。

1947 年 1 月 1 日，赵九章任气象研究所所长。

1949 年 4 月，南京解放前夕，赵九章顶住国民党当局的胁迫，团结全所同仁，坚决拒绝迁往台湾。

延伸阅读

中华民国成立后，我国气象事业蹒跚起步，艰难发展。

1912 年，在北京设立了我国自办的第一个气象台——中央观象台。1915 年，观象台已经能开展 24 小时观测。1916 年，正式试做天气预报，每日两次对外公布。每天 09 时，在台内悬挂信号旗，旗上用符号发布风向和天气。晚间，将天气预报告知各报馆公布。中央观象台选址在明、清两代的皇家天文台。现在遗址在北京东城区建国门东裱褙胡同 2 号，是世界上现存最古老的天文台之一，是全国重点文物保护单位。

1924 年，中国政府从日本人手中接管了青岛测候所，并将其改名为青岛观象台。同年 10 月，中国气象学会在青岛观象台成立。

1927 年，中华民国大学院成立，下设国立中央研究院。1928 年春，国立中央研究院独立，初设观象台筹委会。1928 年 2 月，中央研究院决定将观象台筹委会分为气象和天文两个研究所，竺可桢任气象研究所第一任所长。1928 年 4 月，北极阁观象台建成。1937 年，中央研究院开始西迁。1938 年初，气象研究所人员分批迁到重庆。

南京国民政府中央气象局于 1941 年在重庆成立，1946 年迁往南京，是“全国民用气象之最高机关”。1947 年，中央气象局局长吕炯和技正卢鋈等 5 人受委派参加了在美国华盛顿市召开的 45 国气象局长会议。在这次会议上，国际气象组织更名为世界气象组织。中国成为世界气象组织的创始国和公约签字国。

虚拟电子书（气象与生活）

展品介绍

虚拟电子书又称电子翻书、空中翻书，它是在展厅里放置的一本翻开的虚拟图书，当观众伸手做出翻书的动作时，虚拟图书就会真的翻页，让观众浏览书的内容，在展示栩栩如生的动态翻页效果时并伴有音效。

气象与生活综合展区

展品介绍

触摸屏、虚拟翻书、视频、展板等多种形式相结合，向观众全方位展示气象与衣、食、住、行各方面的密切关系。

知识链接

气候与出行

进入现代社会，汽车、火车、飞机等交通工具给人类带来便利、快捷的服务，但它们对气候条件的依赖反而更加明显。大雾、大风、暴雨、低温、积雪、积冰，每年都造成数以万计的交通事故，车祸、海难不绝于耳，给国家和人民造成不可估量的损失。

或许，2010 年南方 14 场暴雨接连而泻的一幕还停留在你脑海中。由于降水过程持续时间长、降水强度大，江西、湖南、广东、福建等省遭受洪涝灾害，部分地区强降水引发滑坡、泥石流等地质灾害，导致铁路、公路等交通受到严重影响。在江西沪昆高速（梨温段）余江境内、320 国道东乡至余江段、206 国道龙虎山段等多处路段交通中断或受阻，直接经济损失近 10 亿元。

2010 年，气候对我国道路设施及交通运营产生了哪些影响呢？来自国家气候中心的气候影响评估分析表明，2010 年气候对交通的影响属中等年份。而这一年，对我国交通影响较大的天气或气候事件包括降雨、大雾、降雪、冰雹、大风、沙尘暴等。

如何合理利用气候资源、减少交通事故的发生、确保交通安全，将成为交通、气象部门继续努力的方向。

气候与人体健康

大气的无常运行，气候的寒来暑往，形成了万千自然现象。这不仅关系到人类的生产和生活，也与人的健康息息相关。

气温、湿度、风等气象因子对人体的综合作用决定了人体的舒适程度。在气象服务业务中，我们通过舒适日数的多少来评定气候环境对人体健康的利弊影响。

统计显示，在 2010 年，南方人或许比北方人多过了些“舒坦日子”。根据国家气候中心统计分析，2010 年，全国平均舒适日数有 199.2 天，接近常年的 201.3 天，但呈现南多北少的特点。东北大部、华北东北部及内蒙古大部、新疆北部、甘肃中西部等地较常年偏少 10～30 天，局地偏少 30 天以上；西南大部、华南大部、江南中部和南部及河南中东部、安徽中西部等地偏多 10～30 天，西藏南部局部偏多 30 天以上。

扫码探秘

从季节分布来看，全国春季舒适日数偏少，冬、夏、秋季接近常年同期。春季冷空气活动频繁，多次出现阶段性低温寒潮天气，而且沙尘天气过程频繁集中，影响范围较广，对人体健康造成了不利影响。不过，尽管冬、夏、秋季的舒适日数接近常年同期，但夏季的高温日数多、范围广、强度强，对我们的健康也带来了一些危害。

当能源遭遇“中暑”和“恐寒症”

2010年年初，受强寒流影响，包括山东、上海、重庆、江苏、湖北、安徽在内的多省（直辖市）出现电煤库存告急、拉闸限电的情况，由此又掀起一轮大范围的“电荒”。有人笑言：“老天爷一打喷嚏，几个省份的电煤供应就会发生感冒。”

资料显示，2009—2010年的采暖季中，北方平均采暖期为156天，较常年偏长4天，比上一采暖季增加了12天，为1994年以来最长的采暖季。

采暖期的延长由偏冷的气候环境来决定。2009年11月至2010年3月，我国北方平均气温较常年同期偏低0.5℃，为1987年以来历史同期最低。东北和华北地区本采暖季气温分别较常年同期偏低1.9℃和0.9℃，仅西北地区偏高0.7℃；但和上年同期相比，东北偏低2.6℃、华北偏低2.2℃、西北偏低1.2℃。

采暖度日量能够较好地反映出温度与采暖耗能的关系。国家气候中心统计显示，在这个采暖季中，北方平均采暖度日量较常年偏多181.4℃，较上一采暖季增加295.9℃，为2004年来最大。采暖度日量的增加表明，采暖季内温度偏低，气象条件使各地采暖需求大增，采暖耗能不同程度增加。

除了“寒流”造成的耗能增加，夏季高温也让我国部分地区加重了能源“负荷”。由于夏季高温天气较常年同期偏多，降温耗能增幅明显。2010年6月，我国北方大部气温偏高，东北及新疆部分地区出现罕见高温天气，高温日数较常年同期偏多3～8天，持续高温使城市降温耗能大幅增加，增幅一般达到50%～100%，哈尔滨、太原、长春等地增幅超过100%。

延伸阅读

气象指数预报是气象部门根据公众普遍关心的生产生活问题和各行各业工作性质对气象敏感度的不同要求，引进数学统计方法，对压、温、湿等多种气象要素进行计算而得出的量化预测指标。这些指数是对天气预报的进一步深化。

适宜
未来持续两天无雨，天气较好，适宜擦洗汽车。
洗车指数
寒冷
舒适度指数2级，天气寒冷，大部分人不舒适，出行需要适当采取保暖措施。
舒适度指数
紫外线强
出门前需加强防护，涂擦SPF大于15的防晒霜。
防晒指数
舒适
建议着装衬衫、单衣、长裤。
穿衣指数
易发
天气较好，但空气中花粉浓度过大，容易过敏，建议外出佩戴好口罩。
过敏气象指数
适宜
天气较好，适合出行。
出行指数

气象指数示意图

洗车指数

是考虑过去 12 小时和未来 24 小时内有无雨雪天气，路面是否有积雪和泥水，是否容易使靓车溅上泥水，是否有沙尘天气等条件，给广大爱车族提供是否适宜洗车的建议。洗车指数分为 4 级，级数越高，就越不适宜洗车。

旅游指数

是气象部门根据天气的变化情况，结合气温、风速和具体的天气现象，从天气的角度出发给市民提供的出游建议。一般天气晴好、温度适宜的情况下最适宜出游；而酷热或严寒的天气条件下，则不适宜外出旅游。旅游指数还综合了体感指数、穿衣指数、感冒指数、紫外线指数等生活气象指数，给市民提供更加详细实用的出游提示。旅游指数分为 5 级，级数越高，越不适宜旅游。

体感温度

在不同的气象条件下，人体对相同的气温其感受是不同的。体感温度就是在综合了空气温度、湿度、风速以及天空云量、日照时数等因素影响后，人体实际上感受到的温度。

风寒指数

是舒适度指数在秋冬季节的一个细化指标。由于秋冬季节气温变化起伏较大，人体感觉受风雪天气、湿度等因素的影响较暖季更为敏感。风寒指数综合考虑了气温和风速对人体的影响，人们可根据风寒指数，采取相应的防寒措施。风寒指数分为 6 级，级数越高，人们的防寒意识越大。

舒适度指数

是结合温度、湿度、风等气象要素对人体综合作用，表征人体在大气环境中舒适与否，提示人们可以根据天气的变化，来调节自身生理及适应冷暖环境，以及防范天气冷热突变的指数，便于人们了解在多变的天气下身体的舒适程度，预防由某些天气造成的人体不舒适而导致的疾病等。舒适度指数分为 9 级，级数越高，气象条件对人体舒适感的影响越大，舒适感越差。

交通气象指数

是根据雨、雪、雾、沙尘、阴晴等天气现象对交通状况的影响进行分类，其中主要以能见度为标准，并包括对路面状况的描述，以提醒广大司机朋友在此种天气状况下出行时，能见度是否良好，刹车距离是否应延长，是否容易发生交通事故等，减少由于不利天气状况而造成的人员及财产损失。交通指数分为 5 级，级数越高，天气现象对交通的影响越大。

路况气象指数

是根据天气的变化，结合当日天气现象和前 12 小时的天气现象对路面状况的影响而提出的一种指数，以便提醒广大司机朋友路面是否潮湿、湿滑，是否有积雪或积冰，道路是否便于行驶。这样可以避免由于气象因素而造成的交通事故，减少由于不利天气状况而造成的人员及财产损失。路况指数分为 5 级，级数越高，天气现象对路况的影响越大。

中暑指数

气温、湿度等气象因素对人体的影响是综合性的，在相同的气温下，湿度不同，对人体产生的影响也不同，中暑指数是综合了气温、空气湿度、光照等天气因子对人体热承受力的影响进行的评述，以帮助人们注意防暑降温，提示人们避免在易中暑的环境下工作。中暑指数分为 4 级，级数越高，中暑的概率越大。

紫外线指数

紫外线指数是对紫外线强度由弱到强进行分级。由于过量的紫外线照射可使人体产生红斑、色素沉着、免疫系统受到抑制，患皮肤黑瘤、皮肤癌及白内障等，因此，参照紫外线指数的预报能够帮助人们在日常生活中避免在紫外线辐射最强烈的那一段时间里晒太阳，或提醒人们外出披长袖衬衣、涂抹防晒油等，防止强烈的紫外线过度照射危害人体健康。紫外线指数分为 5 级，级数越高，紫外线越强烈。

雨伞指数

根据天气状况是否会下雨或下雪，以及会下何种等级的雨（雪）——阵雨、中雨还是大暴雨等，为市民提供出门是否需要带雨伞的建议。

运动指数

考虑气象因素和环境对人体的影响，包括紫外线、风力、气压、温度、光照以及雨、雪、沙尘等，为广大老百姓提供是否适宜运动的建议。运动指数分为 3 级，级数越高，越不适宜运动。

空气污染扩散气象条件指数

在不考虑污染源的情况下，从气象角度出发，对未来大气污染物的稀释、扩散、聚积和清除能力进行评价，主要考虑的气象因素是温度、湿度、风速和天气现象，对气象条件进行分级。空气污染扩散气象条件指数分为 5 级，级数越高，气象条件越不利于污染物的扩散。

放风筝指数

由于放风筝是一种户外活动，所以受气象条件制约很大。放风筝指数是根据温度、风速、天气现象等气象因子对放风筝活动的影响程度制定出的一种指数，它分为三级，级数越高，越不适宜放风筝。

空调开启指数

是综合考虑了当日温度、湿度和连续三天的温度情况，根据人体的生理与健康要求，计算出指导人们适当使用空调的指数。空调开启指数分为5级，空调开启级数越低，越要开启制冷空调进行降温，级数最高时，则应适当采取供暖措施。

逛街指数

是根据影响人们逛街的主要气象因子，如温度、天气现象、风速等，按一定的经验公式进行分级，以便人们根据逛街指数来安排自己的行程。逛街指数分为4级，一般级数越高越不适宜逛街。

防晒指数

是根据紫外线的强弱程度来制定的，紫外线越强，防晒指数越高。人们应根据防晒指数采取适当的防晒措施，避免紫外线对人体造成伤害。防晒指数分为5级，级数越高，外出时越应加强防护，建议涂擦SPF倍数高一些的PA++防晒护肤品，并随时补涂。

钓鱼指数

是根据气象因素对垂钓的影响程度，提取出影响垂钓的主要气象因素，如温度、风速、天气现象、温度日变化等，进行综合考虑计算得出。利用钓鱼指数人们可以选择合适的水域，在有利于钓鱼的气象条件下垂钓，不仅能取得较大的收获，还可以达到休闲娱乐的目的。钓鱼指数分为3级，级数越高，越不适合钓鱼。

晾晒指数

是根据温度、风速、天空状况的预报对晾晒的影响程度，对晾晒活动的适宜程度进行分级，从而指导人们适时安排晾晒衣物等家庭用品或农作物、药材等。晾晒指数分为5级，级数越低，气象条件对人们进行晾晒活动越有利。

感冒指数

是气象部门就气象条件对人们发生感冒的影响程度，根据当日温度、湿度、风速、天气现象、温度日较差等气象因素提出来的，以便市民，特别是儿童、老人等易发人群可以在关注天气预报的同时，用感冒指数来确定感冒发生的概率、衣服的增减及活动的安排等。感冒指数分为 4 级，级数越高，感冒发生的概率就越高，气象因素对感冒的发生就越有利。

穿衣指数

是根据影响体感温度最主要的天空状况、气温、湿度及风等气象条件，对人们适宜穿着的服装进行分级，以提醒人们根据天气变化适当着装。一般来说，温度较低、风速较大，则穿衣指数级别较高。穿衣指数共分 8 级，指数越小，穿衣的厚度越薄。

晨练指数

是气象部门根据气象因素对晨练的人身体健康的影响，综合温度、风速、天气现象、前一天的降水情况等气象条件，并将一年分为两个时段（冬半年和夏半年），制定了晨练环境气象要素标准。晨练的人特别是中老年人，应根据晨练指数有选择地进行晨练，这样才能保证身体不受外界不良气象条件影响，真正达到锻炼身体的目的。晨练指数分为 4 级，级数越低，越适宜晨练。

划船气象指数

由于划船是在露天的水面上活动，天气条件的影响对游客的安全至关重要。划船气象指数是综合分析了影响划船的天气现象、风速、温度等气象要素而研制的。它可以为各公园船队和游人提供是否适宜划船的专业气象预报服务，以充分利用有利的天气条件进行划船活动，而避免不利天气条件造成的危害。划船气象指数分为 3 级，级数越高，越不适宜划船等水上户外运动。

啤酒气象指数

最早起源于欧洲，2000 年以来，我国根据主要影响人们喝啤酒的气象因素（温度、湿度）研究出针对我国的啤酒气象指数，以便正确引导市民啤酒消费，指导啤酒商家销售。通常在寒冷、干燥的季节，应少喝啤酒且尽量喝些常温或稍加热的啤酒；湿热天气饮用冰镇啤酒倍感舒适；而干热天气时，啤酒可作为最好的防暑降温饮品。啤酒气象指数分为5级，一般级数越高，越适合饮用啤酒。

过敏气象指数

过敏气象指数是考虑气象因素并结合环境要素对人体的影响，从天气角度出发为广大公众提供是否易发生过敏的服务提示。过敏气象指数等级划分为5级，级数越高，表示发布预报时的气象条件引发过敏的可能性越大。

出行指数

出行指数同样需要根据当天的天气、气温和风力情况来确定，一共分为4个等级，等级越低，表明气象条件越恶劣，等级越高，天气越好，越适合出行。

心情指数

心情指数是从天气对人体感觉的影响出发而制定的一种指数，各种天气要素，如闷热、湿冷、阴沉、沙尘等天气都会对人的情绪产生不利影响，但是在一些其他的天气下，如晴朗、阳光灿烂、飘雪等情况却有助于人们的情绪稳定，所以综合考虑天气与心情的关系，可以使人们适当调节自己的情绪。

美发指数

主要是根据适宜头发生长的气象环境，结合实际的温度、湿度、紫外线强度、风速对人们是否在此气象条件下适合美发提出意见，以期对人们美发起一定的指导作用。美发指数分为3级，级数越低，气象条件就越适宜头发的生长。

青藏高原科学试验沙盘

展品介绍

以沙盘模型展示外场气象科学试验之青藏高原科学试验，展示在重大气象科技项目、科学试验领域的重大成就。

知识链接

青藏高原平均海拔高度在4500米以上，在如此高大身躯的阻挡作用下，大气环流运动在此分支、绕流；复杂地形和下垫面使得气流在高原面上产生波动、上升、下沉、涡旋。研究高原对大气的热力和动力作用、对大气环流的影响以及独有的天气系统（高原涡等），对提高高原及其影响地区的天气预报水平有很大的帮助，具有重大科学意义和社会价值。

在过去几十年里，科学家对青藏高原进行过多次综合或单项科学考察。我国于1979年、1998年先后开展了第一、第二次青藏高原大气科学试验，获得大量的气象资料，为研究高原气象做出了重大贡献。但是，面对辽阔而复杂的青藏高原，这些资料是远远不够的。2014年，第三次青藏高原大气科学试验启动。与前两次科学试验相比，此次试验在外场试验观测和研究内容上都加以改进：在青藏高原区域实现为期10年的天基—空基—地基三维立体综合观测，建立新一代卫星遥感、探空、雷达、地面长期综合观测系统，并充分利用中国气象局在青藏高原地区正在新建的业务观测网资料；前两次试验主要揭示青藏高原地面水、热平衡特征和边界层大气结构，而此次试验将从青藏高原边界层—对流层—平流层垂直大气结构的视角，深入认识青藏高原陆面过程、边界层过程、云降水物理过程、对流层—平流层交换过程的特征，并基于观测试验研究，发展适用于高原复杂地形的青藏高原陆面—大气耦合模式系统。

扫码探秘

延伸阅读

中国气象科研体系不断调整结构、优化布局，现已形成由9个国家级科研院所（中国气象科学研究院、北京城市气象研究院和7个专业气象研究所）、23个省级气象科研所、灾害天气国家重点实验室、国家气象科学数据共享中心、4个大气成分国家野外科学观测研究站（青海瓦里关以及北京上甸子、黑龙江龙凤山、浙江临安）等6个国家科技创新平台、21个部门野外科学试验基地、24个国家气候观象台，以及各级气象业务单位、相关高校与企业等构成的气象科技研发体系。针对气象监测、预报、预测和服务中各环节对科学技术的需要，各主体发挥各自优势，明确定位，分工合作，加强自主创新，注重成果转化，为气象现代化发展提供科技支撑。

气象科研体系的主要目标，是面向国际科技前沿，根据中国气象事业发展的需求，开展前瞻性的气象基础理论研究、应用基础研究、技术开发、气象仪器装备研发和气象科研成果的推广应用，为中国气象事业发展提供科技储备和支撑，推动气象事业健康快速发展，更好地为经济发展、社会进步和人民安全福祉提供有效服务。

虚拟电子书（快速发展的气象事业）

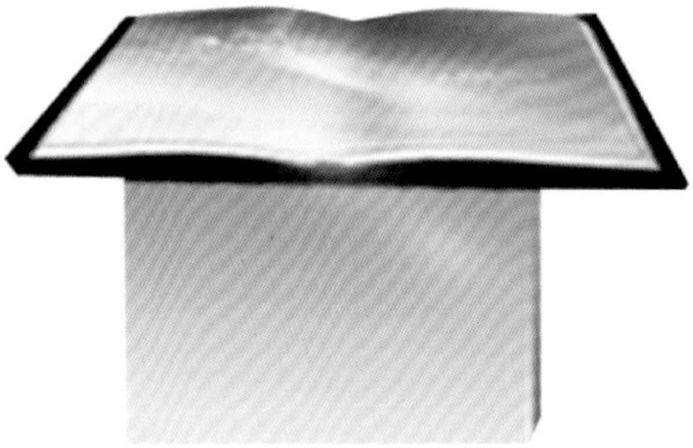

书膜尺寸：120 厘米 ×90 厘米
展示空间：130 厘米 ×100 厘米 ×110 厘米
用电量：600 瓦

展品介绍

通过虚拟电子书展示新中国成立以来气象装备和技术水平、气象事业发展历程的老照片和图表及其与新成就的对比等内容，充分反映气象事业 60 年的巨变。

幻影成像互动展示屏（气象现代化成就）

展品介绍

通过全息互动幻影成像展现气象现代化成就；互动屏使幻影成像前置，后景光照聚焦可见精细模型，叠加前置多媒体信息，体现现代高科技。可见视域画面尺寸 6400 毫米 ×1400 毫米；整个互动屏演示部分（含典型案例演示）参观平均停留时间拟定 5 分钟。

知识链接

我们建成了世界上规模最大、覆盖最全的综合气象观测系统。截至 2020 年年底，有地面气象观测站 7 万多个，全国乡镇覆盖率达到 99.6%。成功发射 17 颗风云系列气象卫星，7 颗在轨运行，216 部雷达组成了严密的气象灾害监测网。建立了生态、环境、农业、海洋、交通、旅游等专业气象监测网。

我们建成了精细化、无缝隙的现代气象预报预测系统，能够发布从分钟、小时到月、季、年预报预测产品，全球数值天气预报精细到10千米，全国智能网格预报精细到5千米，区域数值天气预报精细到1千米，建立了台风、重污染天气、沙尘暴、山洪地质灾害等专业气象预报业务。

我们建成了高速气象网络、海量气象数据库、超级计算机系统，气象高速宽带网络达到每秒千兆，气象数据存储总量达到300 TB，高性能计算峰值达到每秒8000万亿次。

我国气象现代化建设突飞猛进，变化翻天覆地，中国气象局被世界气象组织正式认定为世界气象中心，成为全球9个世界气象中心之一，标志着我国气象现代化的整体水平迈入世界先进行列！

延伸阅读

中国气象局建立起国家气象科技创新体系，建设研究型业务、气象业务的科技水平和服务的科技含量显著提升，气象科技实力和创新能力不断增强。我国风云3号、4号气象卫星遥感和应用技术达到世界先进水平，晴雨预报、暴雨预报、台风路径预报达到世界先进水平，气候系统模式、高性能计算跻身世界先进行列。

防灾减灾气候变化虚拟现实演示厅

展品介绍

防灾减灾气候变化虚拟现实演示厅是中国气象科技展厅“应用领域”展区的重点展项，在这个以虚拟现实技术搭建的演示平台上，观众可以结合展项内容去观看主题电影和体验虚拟现实影像作品，在给观众以强烈的沉浸感、震撼和冲击力的同时，进行灾害预警、防灾减灾、应对气候变化的科普教育。

流动气象科普设施（科普影院）

展品介绍

利用搭建灵活的移动帐篷，配以高清投影机和播放设备，迅速搭建一套气象科普影院平台，播放气象知识、防灾减灾视频，生动直观传播气象科普知识。

知识链接

大气对人类的生命财产和国民经济建设及国防建设等造成的直接或间接损害，被称为气象灾害。它是自然灾害中的原生灾害之一。气象灾害的特点是：

种类多。气象灾害可以分为暴雨洪涝、干旱、热带气旋、霜冻低温等冷冻害、风雹、连阴雨、浓雾7大类20余种，如果细分，气象灾害可达数十种甚至上百种。

范围广。无论在高山、平原、高原、海岛，还是在江、河、湖、海以及空中，处处都有气象灾害。

频率高。中国从1950—1988年的39年内每年都出现旱、涝和台风等多种灾害，平均每年出现旱灾7.5次，涝灾5.8次，登陆中国的热带气旋6.9个。

持续时间长。同一种灾害常常连季、连年出现。例如，1951—1980年华北地区出现春夏连旱或伏秋连旱的年份有14年。

群发性突出。在许多地区，雷雨、冰雹、大风、龙卷等强对流天气在每年3—5月常有群发现象。1972年4月15—22日，从辽宁到广东共有16个省（自治区）的350多个县、市先后出现冰雹，部分地区出现10级以上大风和龙卷等灾害天气。

连锁反应显著。天气气候条件往往能形成或引发、加重洪水、泥石流和植物病虫害等自然灾害，产生连锁反应。

灾情重。联合国公布的1947—1980年全球因自然灾害造成人员死亡达121.3万人，其中61%是由气象灾害造成的。

延伸阅读

中国气象局与水利部、自然资源部、交通运输部、农业农村部、应急管理部等联合发布预警，建立了28个部门组成的部际联络员制度。全国31个省级气象部门与政府部门建立了气象灾害信息共享机制。还建立了一支78万人的气象信息员队伍，覆盖99.7%的村屯。

中国气象局建成了全国一张网的突发事件预警信息发布系统，可以发布16个部门的76类预警信息。预警信息在10分钟内可以覆盖86.4%的公众，我们通过广播、电视、手机、网络、农村高音喇叭、乡村电子电视屏等多种手段打通了防灾减灾“最后一公里”。气象灾害经济损失占GDP的比例和因气象灾害死亡人数都在下降。

流动气象科普设施（科普游戏）

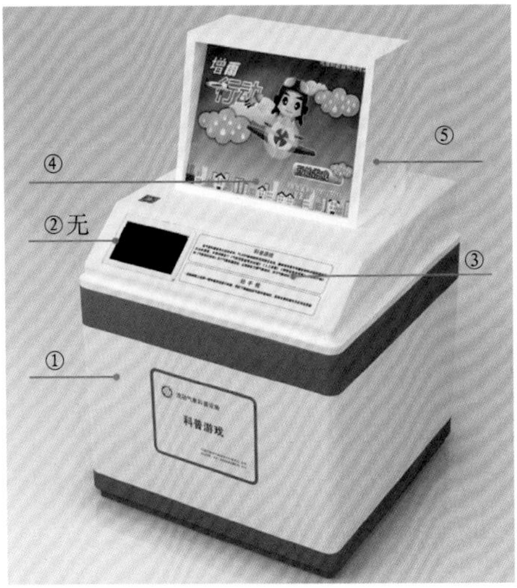

展品介绍

在气象科普宣传众多形式中，FLASH 游戏因所具有的交互性、趣味性和易于传播性等特点越来越受到大众的喜爱。本展项精选了《人工消雹》《增雨行动》《预警信号连连看》《车行雷雨天》和《气象学院》5 个气象科普游戏，让您轻松了解气象知识、学习气象知识。

知识链接

中国有组织地开展人工影响天气工作始于 1958 年，自 20 世纪 90 年代以来，随着经济社会发展的需求增加以及气象事业的快速发展，在各级政府的推动和支持下，人工影响天气工作有了较大的发展，先后开展了人工增雨、人工防雹作业及人工消雾、人工消云试验等工作，在农业抗旱、减轻冰雹灾害、缓解水资源短缺和改善生态环境等方面发挥着越来越大的作用。形成了各级政府领导、气象主管机构管理的组织管理体系；建立了以《中华人民共和国气象法》和《人工影响天气管理条例》为核心、部门规章和地方性法规配套的法律法规体系；现代化建设取得了进展，初步建立了人工影响天气作业指挥系统，新设备、新装备逐步得到了应用，作业技术水平有所提高；科学试验研究工作取得一批成果，科研能力有所增强；作业规模发展较快，服务领域日益扩大；队伍结构不断改善，人员素质逐步提高，国内外交流日趋活跃。

人工影响天气已成为中国各级政府防灾减灾、缓解水资源短缺和改善生态环境的重要措施之一，成为各级政府和社会各界称赞、人民群众欢迎的民心工程。

延伸阅读

到2025年，中国气象局将在不断提升科技内涵的基础上，建成与气象现代化水平相适应的现代气象科普体系：形成多样化、特色化的气象科普场馆体系，提升气象科普基础设施服务能力；形成科普内容、活动、传播互融互补的气象科普品牌体系，提升气象科普的社会影响力；形成管理顺畅、布局合理、流程规范的气象科普业务体系，提升气象科普对社会关切的响应能力；形成多渠道培育、专兼职结合、人才素质优良、激励措施完善的气象科普人才队伍，提升气象科普创新发展的能力。到2025年，实现气象科学知识普及率达到80%以上，气象部门科普水平达到全国科普领域领先地位。

世博气象台（未来气象台）

展品介绍

2010年，上海世博会世界气象馆的第五个展区，世博气象台亦称未来气象台，主题是“未来的预报与服务”。首席预报员和服务官坐镇世博气象台，为园区提供及时的气象预报和服务；透明演播室气象主持人现场播报，展示气象节目录制全过程；带您了解生活中气象信息背后的故事，在大厅中央，气象工作者将与游客共同探讨未来气象预报和服务的发展方向，并将呈现2030年气象预报技术和服务带给人们的美好生活，为您描绘出一幅未来城市气象发展的奇妙蓝图，内容精彩岂能错过！

知识链接

“智慧气象”的特征是互联互通、信息共享、集约高效、协同创新、精细管理、普惠服务。运用新的信息技术手段和信息管理理念，通过资源集约、系统智能化、流程优化以及平台的综合化、软件的构件化、运维的统一化等途径，将气象部门打造成一个完整的、内在联系的“感知系统”，进而使气象工作实现观测弹性化、预报精准化、服务敏捷化、创新便捷化等目的。

延伸阅读

到2035年，我国将在全面建成小康社会基础上，基本实现社会主义现代化。与此相适应，我们要全面建成满足需求、技术领先、功能先进、保障有力、充满活力的气象现代化体系，具备全球监测、全球预报、全球服务、全球创新、全球治理能力，气象保障国家重大战略和服务国计民生能力显著增强，区域气象发展差距明显缩小，气象科技实力达到同期世界先进水平，气象预报预测、气象防灾减灾救灾、应对气候变化、开发利用气候资源、保障生态文明建设等综合实力进入世界先进行列。